AF296692

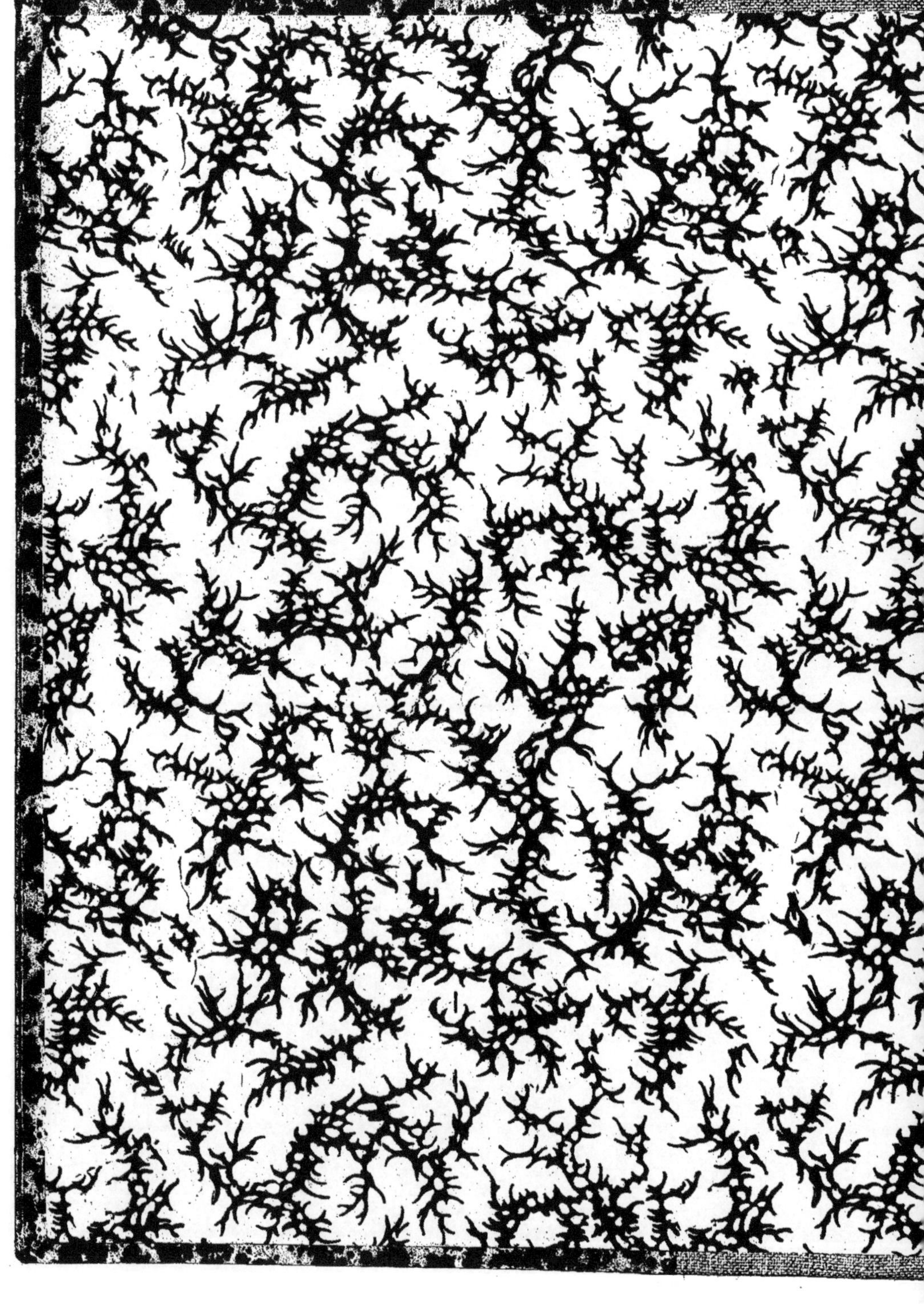

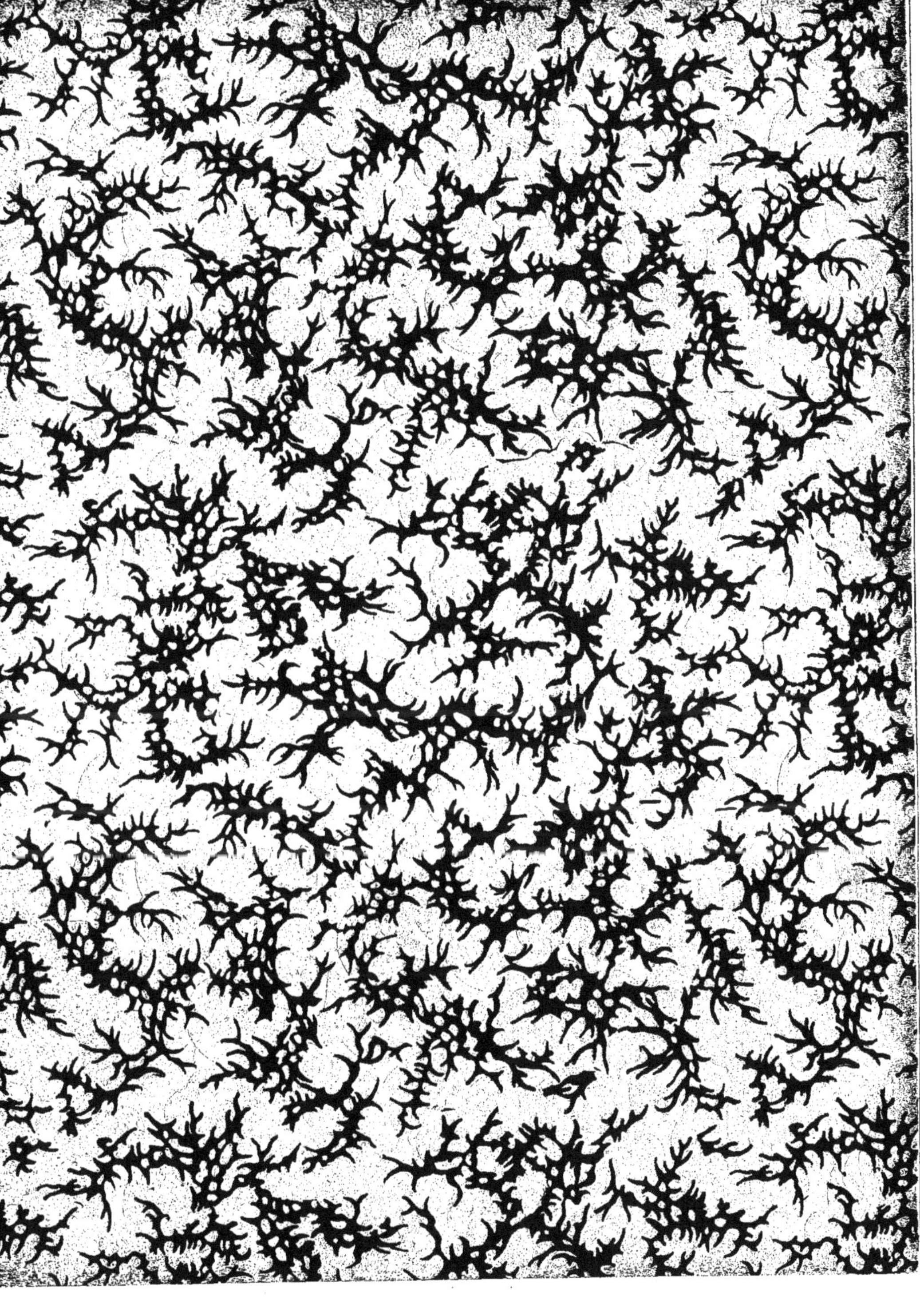

ESSAI

D'UNE

FAUNE ENTOMOLOGIQUE

DE

L'ARCHIPEL INDO-NÉERLANDAIS,

PAR

S. C. SNELLEN VAN VOLLENHOVEN,

Docteur en droit et ès sciences, Membre de l'Académie Royale des
sciences et de plusieurs sociétés savantes, Président de la
Société Entomologique des Pays-Bas, Conservateur
au Musée Royal d'histoire naturelle à Leide.

PREMIÈRE MONOGRAPHIE:

FAMILLE DES SCUTELLÉRIDES.

AVEC 4 PLANCHES COLORIÉES.

LA HAYE,
MARTINUS NIJHOFF.
1863.

ESSAI

D'UNE

FAUNE ENTOMOLOGIQUE

DE

L'ARCHIPEL INDO-NÉERLANDAIS,

PAR

S. C. SNELLEN VAN VOLLENHOVEN,

Docteur en droit et ès sciences, Membre de l'Académie Royale des
sciences et de plusieurs sociétés savantes, Président de la
Société Entomologique des Pays-Bas, Conservateur
au Musée Royal d'histoire naturelle à Leide.

PREMIÈRE MONOGRAPHIE:

FAMILLE DES SCUTELLÉRIDES.

AVEC 4 PLANCHES COLORIÉES.

LA HAYE,
MARTINUS NIJHOFF.
1863.

IMPRIMÉ CHEZ GEBR. GIUNTA D'ALBANI.

EN TÉMOIGNAGE

DE

RECONNAISSANCE ET D'ESTIME PARTICULIÈRE

CETTE

MONOGRAPHIE DES SCUTELLÉRIDES

EST

DÉDIÉE

A LA

FACULTÉ DES SCIENCES

DE

L'UNIVERSITÉ DE GRONINGUE

PAR

S. C. SNELLEN VAN VOLLENHOVEN,
Docteur ès Sciences.

PRÉFACE.

Le petit royaume des Pays-Bas possède, grâce à l'étendue de ses colonies, dans son admirable Muséum à Leide une collection d'objets d'histoire naturelle, capable de rivaliser avec celles des plus grandes nations. De tout temps le Hollandais a été collectionneur, et sous le règne du roi Guillaume I, des vues plus larges sur l'utilité scientifique et commerciale d'une connaissance plus complète des colonies, notamment de celles des Indes Orientales, fit assigner des sommes considérables à l'exploration de ces riches contrées. Le Musée d'histoire naturelle en profita pour centupler ses trésors.

Le gouvernement se proposa bien naturellement aussi à initier le public intelligent à la connaissance des résultats de ces explorations. Quant aux objets, relevant du domaine de la Zoologie, on forma le plan de les décrire dans une partie du recueil, publié depuis sous le titre de Mémoires sur l'histoire naturelle des possessions Néerlandaises d'outre-mer (*Verhandelingen over de natuurlijke geschiedenis der Nederlandsche overzeesche bezittingen*, 3 deelen, in-fol, Leyden 1840). Après qu'on eut publié trois volumes, l'un sur la partie ethnologique et géographique, le second sur la partie zoologique, le troisième sur la partie botanique, l'ouvrage, entrepris sur une base trop large, en resta là. Il y eut bien aussi des circonstances imprévues, la scission des provinces méridionales du royaume, l'état de guerre très-dispendieux qui en fut la suite immédiate, etc., qui arrêtèrent l'exploration de nos colonies, comme l'édition de cet ouvrage.

Relativement à l'entomologie on n'y trouve que deux mémoires, mais tracés tous deux de main de maître. Celui sur les *Orthoptères* n'est pas moins célèbre que celui sur les *Papilionides*, tous deux résultant des laborieuses investigations de M. le Docteur W. de Haan, alors conservateur au Musée Royal pour les invertébrés. Depuis ces admirables mémoires, ce qui a paru sur l'entomologie de l'archipel Indo-Néerlandais, se borne à quelques descriptions de genres et d'espèces, publiées dans des ouvrages périodiques et par conséquent sans liaison l'une avec l'autre.

Il me semble qu'il est de nos jours de toute urgence de renouveler, mais sur une base nouvelle, l'essai commencé dans l'ouvrage sus-mentionné. D'abord en effet depuis quelques années la sagesse du gouvernement a fait reprendre les explorations scientifiques par rapport à la zoologie; d'ailleurs l'amour éclairé que portent aux sciences naturelles son Excellence M. le gouverneur-général Baron Sloet van de Beele et plusieurs des hauts fonctionnaires aux Indes Orientales, tels que M. van den Bossche, gouverneur de la côte occidentale de Sumatra, ne nous laisse aucune inquiétude quant au développement prochain et continu des nos Musées nationaux. En second lieu des voyageurs Anglais ayant exploré plusieurs îles de nos colonies en ont rapporté de magnifiques collections qui ont servi de base à la publication de plusieurs mémoires, spécialement dant les *«* Proccedings of the Linnean — and of the Zoological Societies *»*, publications qui ne renferment presque que des diagnoses. Malheureusement la publication de diagnoses sans descriptions ni figures, comme elle n'est elle-même que l'effet d'une ardeur fièvreuse, ne procure de bons résultats que pour la satisfaction d'auteurs, épris de l'amour du *nobis*. La science n'y gagne que confusion et incertitude, et loin que sa marche en soit accélérée, elle s'embrouille et se ralentit.

Par conséquent j'ai cru qu'il fallait montrer au public savant, d'une part que les Pays-Bas ne se sont pas laissé distancer par leurs voisins d'outremer et que le Musée de Leide possède en fait d'insectes inédits des trésors bien précieux, d'autre part qu'on s'en tient de ce côté de la Mer du Nord à la méthode de description, reconnue la meilleure, sans se préoccuper de la gloriole que d'autres pensent gagner par la priorité de la publication.

J'offre au public une simple monographie, la première à ce que j'espère d'une série d'autres, toutes contenant la description d'une famille ou bien de quelques genres alliés d'insectes, propres à l'Archipel Indo-Néerlandais. Si l'éditeur ne se trouve pas frustré dans son attente, il paraîtra probablement vers la fin de l'année une seconde monographie dont le sujet sera quelque famille de Lépidoptères diurnes.

Je n'ignore pas que j'approche de mes lèvres une coupe tellement large, tellement pleine, que je ne la viderai certainement pas, dussé-je devenir octogénaire. Mais j'espère que mon exemple excitera d'autres entomologistes à seconder mes efforts, et que l'œuvre que j'entreprends, trouvera des continuateurs après moi.

La reconnaissance me fait un devoir de signaler ici la bienveillance de son Excellence M. le Ministre des affaires intérieures, sans laquelle il m'aurait été impossible de compléter la connaissance des espèces, dont traite la Monographie. La bibliothèque de l'université ne m'offrant pas tous les différents voyages et livres spéciaux d'entomologie dont j'avais décidément besoin, son Excellence en a doté la bibliothèque, et en se montrant ainsi le protecteur des sciences, il s'est acquis des droits à la gratitude de ceux qui les cultivent.

Un dernier mot sur le titre que j'ai choisi. Cette monographie n'est qu'un essai, quoique ce ne soit pas une ébauche. J'ai la conviction d'avoir pour le moment et par rapport aux Scutellérides, tant ceux décrits antérieurement que les espèces nouvelles, se trouvant à ma disposition — j'ai, dis-je, la conviction d'avoir épuisé mon sujet. Cependant, comme chaque nouvel envoi d'insectes nous procure une certaine quantité d'espèces jusqu'ici inconnues, je suis sûr qu'au bout d'une vingtaine d'années cette monographie ne représentera plus la famille des Scutellérides de la Faune de nos Colonies Orientales; en d'autres termes, la science dans vingt ans ne nommera mon œuvre qu'un essai. J'aime mieux lui donner ce nom tout de suite.

Février 1863.   S. v. V.

HÉMIPTÈRES.

L'ordre des insectes Hémiptères se distingue des autres ordres par la conformation de la bouche et des ailes. La bouche se compose de six parties, savoir: un bec ou lèvre inférieure, qui ressemble à un demi-tube profondément creusé et composé de quatre articles au plus, contenant dans son canal quatre soies écailleuses, roides, très-fines, qui représentent les mandibules et les machoires des insectes broyeurs, le tout recouvert en dessus de la lèvre supérieure ou du labre, en général petite, courte et de forme triangulaire. Les ailes sont ordinairement au nombre de quatre; les supérieures ou élytres, sont dans l'une des deux sections coriaces avec l'extrémité postérieure membraneuse, et dans l'autre section membraneuses en total, et un peu plus épaisses que les ailes inférieures, lesquelles sont toujours composées d'une simple membrane transparente et veinée.

Les tarses n'ont jamais plus de trois articles; les antennes sont de forme trop variée pour en donner une esquisse générale. La métamorphose est incomplète.

SECTION I. *HÉTÉROPTÈRES.*

Le bec naît de la partie prominente de la tête; les ailes supérieures sont coriaces avec l'extrémité membraneuse, et le prothorax semble à lui seul former le corselet.

I^{RE} TRIBU. GÉOCORISES.

Les antennes sont toujours découvertes, au moins aussi longues que la moitié du corps, excepté dans le seul genre *Pelogonus*, qui ne les a que de la longueur de la tête. Les tarses ont deux ou trois articles. Avec exception de la famille des Rameurs (*Ploteres* Latr.), tous les Géocorises vivent sur la terre et non pas dans l'eau comme le font les *Hydrocorises*.

Les Géocorises se divisent en ceux dont le bec est de quatre articles distincts, et qui ont deux petites pelotes membraneuses entre les crochets du dernier article des tarses (*Tesseracondylae*), et ceux dont le bec est seulement de trois articles apparents et qui sont dépourvus de pelotes entre les crochets des tarses (*Tricondylae*). Les Tesseracondyles sont de nouveau répartis en ceux dont l'écusson, long, atteint au moins le milieu de l'abdomen, et en ceux dont le court écusson ne se prolonge jamais jusqu'au milieu de l'abdomen. Les premiers se subdivisent en deux familles, celles des Scutellérides et des Pentatomides.

SCUTELLÉRIDES.

La famille des Scutellérides se distingue de celle des Pentatomides par la forme de l'écusson, généralement arrondi postérieurement, qui atteint, ou à peu près, l'extrémité de l'abdomen. Les antennes de 3 à 5 articles, sont insérées aux côtés d'une tête de forme triangulaire, enfoncée jusqu'aux yeux dans le premier anneau du thorax. Il y a généralement deux ocelles. Le dos du mésothorax est entièrement couvert par le prothorax; l'écusson recouvre le métathorax et l'abdomen, et même toujours la partie intérieure de la base des élytres. Celles-ci sont en général plus longues et presque aussi larges que les ailes; leur bord extérieur est la seule partie visible, lorsque l'insecte ne vole pas; la partie apicale ou membraneuse offre généralement beaucoup de nervures longitudinales. Le labre, ou la lèvre supérieure, est plus long que le premier article du suçoir ou de la lèvre inférieure et strié transversalement. L'abdomen est de six anneaux, non comprise la pièce terminale; quoique la forme de l'insecte en général soit bombée, l'abdomen est souvent plus ou moins applati du côté du dos. Les jambes sont grêles et prismatiques; le premier article des tarses est assez grand, le second plus petit, le troisième aussi grand ou plus grand que le premier, portant deux crochets et entre ceux-ci deux pelotes.

Les Scutellérides ont été divisés en six groupes, dont les caractères ne me semblent pas assez tranchés; cependant M. Dallas, auteur du catalogue des Hémiptères du Musée Britannique, est d'un avis contraire, érigeant en famille chacun de ces groupes, qui sont ceux des Pachycorides, des Eurygastrides, des Podopides, des Odontoscélides, des Plataspides et des Oxynotides. Excepté le quatrième tous ont des réprésentants aux Indes Orientales.

GROUPE DES PACHYCORIDES.

GENRE I. **SOLENOSTEDIUM**, Spin. (¹).

Tête petite, triangulaire, quelque peu bombée, inclinée par devant. Ocelles très-distants entre eux. Antennes courtes et grêles de cinq articles, le second de moitié plus petit que le troisième. Bec atteignant le second anneau de l'abdomen, logé dans un canal du sternum. Dos du prothorax bombé, incliné par devant. Écusson très-grand et très-large, ne laissant passer qu'une mince partie du bord costal des élytres. Celles-ci à membrane offrant plus de 12 nervures longitudinales. Pattes assez robustes, le troisième article des tarses le plus gros. Les mâles se distinguent extérieurement des femelles par deux plaques carrées ou ovalaires, couvertes d'une villosité soyeuse, que l'on aperçoit aux deux côtés du ventre.

1) SOLEN. RUBRO-PUNCTATUM, Guér. (Planche I. fig. 1.)

Guérin-Ménev., *Zoologie du voyage de la Coquille*. II. p. 157.

Supra obscure viridi- aut coeruleopurpurascens, undique atomis viridibus irroratum, guttis rufis decoratum, subtus obscure rufum.
Long. 14—16 *mm.*
Hab. Java. —
D'un brun pourpré tres-foncé, quelque peu verdâtre, ou bien d'un noir pourpré bleuâtre en dessus, semé d'atomes d'un vert métallique, plus nombreux aux bords que vers le disque. Le prothorax offre sept petites gouttes rouges, trois le long de chaque bord latéral, ne touchant point la côte et une sur la ligne médiane à peu de distance du bord antérieur. L'écusson présente chez le mâle 10, chez la femelle 8 de ces gouttes sanguinolentes, plus grandes chez le premier. En dessous tout le corps est d'un rouge

---

(¹) Jusqu'à ce jour on ne connaît encore dans la Faune de l'Archipel Indo-Neerlandais aucun représentant du genre *Coleotichus* White, qui est propre à la Nouvelle Hollande, et dont deux espèces seulement sont décrites. Le musée de Leyde possède une espèce du même pays (Adélaide), trés-rapprochée de *l'Unicolor* Dall. et qui pourrait bien n'en être qu'une variété. En la supposant une espèce particulière, je lui ai donné le nom de *Coleotichus pallidus. Col. supra rufo-flavus, capite, thorace elytrisque flavomarginatis, subtus flavus, rufo-marginatus.* Long 15 mm.

Très-finement pointillé en dessus; d'un jaune orangé. Le lobe médian de la tête vert au bout et offrant deux raies de petits points rouges enfoncés; yeux et ocelles d'un rouge brun; le premier article des antennes jaunes, les suivants fauves. Tête, corselet et élytres bordés de jaune, écusson bordé postérieurement de noir. Membrane des élytres transparente comme du verre et séparée de la partie coriace par un point et un trait noirs. Dessous du corps jaune, bordé de rouge aux côtés du ventre. Les tibias verdâtres, les tarses brunâtres. Les soies du bec très-noires.

sale, présentant par ci par là quelque reflet pourpré. Les antennes sont noires, à l'exception du premier article qui est rouge. Les yeux sont rouges. Les pattes sont d'une couleur rouge plus foncée que le ventre, leurs genoux, le bord extérieur des jambes et des tarses d'un bleu presque noir. La partie coriace des élytres est noire, la membrane d'un brun violet. Les plaques soyeuses des mâles recouvrent une partie des 2me, 3me et 4me anneaux du ventre.

Le Musée Royal d'histoire naturelle à Leide possède deux individus de sexe différent, provenants du voyage scientifique de M. le docteur S. Müller. L'individu décrit par M. Guérin-Méneville, semble appartenir à une variété, qui diffère du type par la couleur générale, par l'absence d'atomes verts sur l'écusson, et par la présence d'un point noir de chaque côté aux segments de l'abdomen.

GENRE II. **POECILOCORIS**, Dall.

Corps large et bombé. Tête triangulaire, bombée, peu inclinée. Ocelles plus rapprochés des yeux, qu'entre eux. Antennes assez longues de cinq articles, dont le second le plus court, et le quatrième le plus long. Prothorax bombé au milieu, incliné en devant, les angles latéraux obtus; la poitrine n'offrant point de canal rebordé, comme dans le genre précédant. Écusson bombé, arrondi postérieurement. Ventre à sillon longitudinal. Pattes assez robustes.

1) POEC. PULCHER, Dall. (Planche I. fig. 2.)

Dall, *Entom. Transact.* V. 105. sp. 6. pl. 13. fig. 7.

Obscure purpureus, thoracis marginibus antico et lateralibus lineaque media coccineis;
scutelli basi vittaque media viridi-metallicis; abdomine rufo, stigmatibus violaceo-nigris.
Long. 18 *mm.*
Hab. Sumatra.

La tête, en dessus d'un pourpré vineux, en dessous d'une belle couleur violette, offre quatre impressions longitudinales le long du lobe median, et deux enfoncements obliques pointillés au côté interne des yeux. Les ocelles sont petits. Le premier et second article des antennes sont violets, glabres, les suivants noirs et pubescents. Le prothorax est rouge et porte deux grandes taches, arrondies par devant, s'appuyant sur la base, de couleur noir-pourpré avec des reflets d'un vert métallique. L'écusson offre la même couleur sans reflets, mais le vert métallique forme deux bandes transverses peu distinctes, l'une à la base, l'autre au milieu, avec un petit trait longitudinal unissant l'une à l'autre au milieu du disque. En dessous le thorax est d'un beau violet, lavé de vert, à la bordure rouge; l'abdomen d'un rouge cuivreux avec les stigmates entourés de taches violettes; une tache un peu plus grande se voit au milieu du 5me anneau. Les pattes violettes ont des hanches rouges.

Nous croyons cette espèce très-rare dans l'île de Sumatra, le Musée n'en possédant qu'un individu unique.

2) POEC. DIVES, Guérin.

Guérin, *Iconograph. du R. animal*, pl. 55. fig. 1.
Dallas, *Ent. Transact.* V. 108. sp. 9.

Rufo-fulvus; capite, thoracis margine antico, maculis thoracis et scutelli, atque elytrorum marginibus nigris; abdomine rufo, sulco longitudinali indistincto, stigmatibus nigris; rostro fere abdominis apicem attingente. ♂ *(Dallas).*

Long. 20 *mm.*

Hab. Java (Dallas).

Ovale quelque-peu allongé, jaune orangé en dessus, à ponctuation serrée. La tête d'un noir métallique, les yeux brunâtres, les ocelles rouges. Au prothorax le bord antérieur, une tache à chaque angle latéral, une ligne sous-marginale unissant ces taches au bord antérieur et deux grandes taches sur le disque, d'un noir violet. L'écusson a treize tâches d'un noir violet, placées comme chez le *Poec. Druraei.* Les bords des élytres d'un noir violet. En dessous le corps est pointillé d'une ponctuation très-serrée. L'abdomen, qui a un sillon longitudinal peu profond, est rouge brillant avec un reflet violet; les stigmates sont placés en des taches d'un noir violet; la plaque anale est rouge. La poitrine est violette, brillante, plus pâle au milieu et près des hanches, avec les bords latéraux-antérieurs rouges. Les pattes d'un violet brunâtre, avec la base des cuisses rougeâtre. Le bec qui atteint presque le bout de l'abdomen, est d'un noir violet, avec les angles du premier article et les articulations des suivants testacés. Les antennes sont d'un noir violet, avec la base du premier article testacé.

Comme le Musée de Leide ne possède pas cette espèce, nous doutons qu'elle provienne de Java. Il est bien avéré que la patrie de beaucoup d'insectes, envoyés de Java en Europe, se trouve aux îles plus orientales, même celles proches de la Nouvelle Guinée, et que de même les insectes de l'intérieur de Sumatra et des côtes de Borneo portent souvent l'étiquette erronée de Java.

3) POEC. LONGIROSTRIS, Dallas.

Dallas, *Ent. Transact.* V. 109. sp. 10. pl. 13. fig. 9.

Luteo-fulvus, capite, maculis thoracis et scutelli, elytrorumque marginibus nigris; abdomine luteo-fulvo, sulco longitudinali centrali distincto, stigmatibus nigris; rostro fere abdominis apicem attingente. ♀ *(Dallas).*

Long. 20 *mm.*

Hab. Java (Dallas).

Ovale, quelque peu allongé, en dessus d'un jaune orangé, à ponctuation très-fine et très-serrée. La tête noire, fortement pointillée; les yeux bruns, les ocelles rougeâtres. Le prothorax, bordé en avant d'un liséré noir très-étroit, présente une tache noire aux angles antérieurs. L'écusson est orné de sept taches noires, dont trois à la base, deux intermédiaires et une très-petite de chaque côté au milieu du bord latéral. En dessous le corps a de même une ponctuation très-serrée et très-fine. Le ventre, offrant un long sillon longitudinal, est d'un jaune orangé luisant, avec des taches d'un noir violet autour des stigmates. La poitrine est d'un violet brillant; le disque, les bords latéraux-antérieurs et quelque lignes transverses sur la marge des anneaux, jaunes. Les pattes d'un violet brillant; les hanches et la base des cuisses d'un brun testacé. Le dessous de la tête violet, jaune à la base, pointillé très-fortement; les tubercules antennifères jaunâtres. Le bec fort long, atteignant presque le bout de l'abdomen, d'un vert cuivré, les angles du premier article jaunes. Les antennes (mutilées) d'un noir violet.

La même observation sur l'habitat serait à faire sur cette espèce-ci, qui en outre, même selon l'opinion de M. Dallas, pourrait bien n'être autre chose que la femelle du *Dives*.

4) POEC. ÆNEIVENTRIS, Voll. (Planche I. fig. 3.)

Supra coriacei coloris, capite, maculis quatuor in prothorace, octo in scutello nigris, ventre viridi-aeneo. ♂.
Long. 16 *mm.*
Hab. in India Orientali.

Ovale bombé, d'une couleur tannée en dessus, pointillé très-dru comme du cuir. La tête noire en dessus, d'un noir verdâtre métallique en dessous et le long du bord antérieur. Les yeux bruns, les ocelles très-distants entre eux, rouges. Les antennes (mutilées) noires. Prothorax d'un brun de cuir jaunâtre, un peu plus foncé le long des bords; une fine bordure noire le long des bords latéraux, et quatre taches noires en trapèze dont les deux plus grandes dans les angles antérieurs, et les deux plus petites, plus rapprochées entr'elles, au milieu du disque; entre ces taches et les angles extérieurs on aperçoit encore deux réunions d'atomes noirs, comme des ébauches de taches. L'écusson comme bourrelé à sa base, arrondi en demi-cercle postérieurement, est de la même couleur, sans bordure noire, et porte huit taches, deux à la base près des angles, quatre en carré long sur le disque mais ne dépassant pas le milieu, et deux autres taches obliques et allongées au milieu du bord latéral. Bord des élytres noir. Tout le dessous du corps d'un vert bronzé noirâtre, les deux taches veloutées du mâle noires([1]). Les pattes de même couleur avec les tarses noirs.

Le Musée Royal ne poèssde qu'un seul individu, sans indication spéciale de patrie, mais provenant de l'Archipel Indien.

GENRE III. **TECTOCORIS**, Hahn.

Corps large et bombé. Tête en triangle très-allongé à bords quelque peu tranchants. Ocelles rapprochés des yeux. Antennes de cinq articles, dont le second le plus

---

([1]) M. Dallas, donnant dans les *Transact. Ent. Soc.* les caractères du genre *Poecilocoris*, dit bien expressément que le ventre des mâles n'offre point les taches veloutées que l'on remarque chez le genre *Tectocoris*. Cependant notre nouvelle espèce ne saurait appartenir à ce dernier genre, n'ayant point la tête allongée, comme la *Tect. cyanipes*. Nous en concluons qu'on a de beaucoup trop multiplié les genres et qu'il vaudrait mieux en supprimer quelques-uns, dont la raison d'être est fort sujette à discussion.

court et le quatrième le plus long. Prothorax et écusson comme dans le genre précedent. Ventre à sillon longitudinal court, offrant en outre chez les mâles deux taches veloutées. Bec fort allongé. Pattes assez longues.

1) TECTOCORIS CYANIPES F.

Fabr., *Syst. Rhyng.* 133, 23 (*Tetyra c.*). Wolff, *Ic. Cim.* 171, 165. t. 17. fig. 165. Hahn, *Wanz. Ins.* II. 34. t. 43. fig. 132 (*Tectoc. c.*). Burm., *Handb.* II. 396, 3 (*Scutell. c.*). Germ., *Zeitschr.* I. 133, 2 (*Scut. Banksii* ♀). Amyot et Serville, *Hémipt.* 28, 1 (*Scut. c.*). Stoll, *Pun.* p. 40. pl. 9. fig. 58 et p. 94. pl. 24. fig. 167.
Variétés :
Thunb., *Nov. Ins. Sp.* 30. t. 2. fig. 45 (*Cimex diophthalmus*). Boisd., *Faune de l'Océan.* p. 622. Germar, *Zeitschr.* I. 138, n°. 12 (*Scut. cyanipoda*). Donovan, *South-Sea. Ins.* pl. 3. fig. 1 (*Cimex Banksii*). Guérin, *Voy. de la Coq. Zool.* II. 155. Herr. Schaeffer, *Wanz. Ins.* IV. 2. t. 109. fig. 341, 342. Germ., *Zeitschr.* I. 133, n°. 2. Amyot et Serville, *Hémipt.* 28, 2. pl. 1. fig. 5 (*Banksii*). Eschsch., *Dorp. Abhandl.* I. 155. t. 2. fig. 1 (*Scut. Schönherri*). Burm., *Handb.* II. 396, 4. Herr. Schaeff., *Wanz. Ins.* IV. t. 109. fig. 340. Germ., *Zeitschr.* I. 133, 1 (*Schönherri*). Boisd., *Faune de l'Océan.* p. 624. pl. 11. fig. 3 (*Scut. Tongae*). Germ., *Zeitschr.* I. p. 137. n°. 11 (*Tongae*).
Testacea, antennis tibiisque cyaneis. Variat colore rufo et maculis cyaneis usque ad totum cyaneum.
Long. inde a 13 usque ad 20 mm.
Hab. per totum Indiae archipelagum.
Pour quiconque a vu la collection de *Tectocoris* au Musée de Leide, il est impossible de ne pas réunir les six soi-disantes espèces, décrites sous les noms cités ci-dessus, en une seule. Partout il y a passage de l'une à l'autre, nulle part il n'y a des caractères marqués, ou bien couleur constante.
Il ne me semble pas nécessaire de donner une description détaillée de cette espèce fort commune, mais bien de donner au lecteur un tableau de l'harmonie des variétés.
Type (*Cyanipes*). D'un testacé pâle ou plus foncé; deux taches noires ou brunes sur l'occiput, contigues aux yeux. En dessous deux petites taches latérales sur le mésothorax et deux lunules noires sur le métathorax.
Nota. On trouve des individus d'un testacé pâle à ventre rougeâtre, d'autres à couleur pâle bordée de rouge, d'autres à couleur foncée au ventre pâle, encore d'autres au ventre noirâtre etc. Le rouge des hanches et cuisses se prolonge chez les uns jusqu'aux genoux, se rétrécit dans d'autres jusqu'à la base des hanches.
Le Musée Royal reçut ce type de Batavia, Buitenzorg, Sourabaya dans l'île de Java; de Macassar, de Ceram, d'Amboine et de la Nouvelle Hollande.
Var. 1 (*Diophthalmus*). Ne diffère du type que par deux taches noires aux angles antérieurs du prothorax.
, Habite Java, Sumatra, Timor, Borneo.
Var. 2. Ces deux taches se développent et se changent en une marbrure du prothorax, qui même se prolonge sur la tête.
Cette variété se trouve à Java et Borneo.

Var. 3. D'un jaune pâle, à reflet bleuâtre, avec deux lignes noires longitudinales sur la tête et deux taches peu prononcées noirâtres au prothorax.

De Wanicoro et Tongotabo.

Var. 4. D'un testacé pâle; derrière de la tête marbré de bronzé; deux grandes
taches, dentées de trois dentelures, d'un violet brillant à la base du prothorax; trois
paires de taches oblongues violettes, dont l'intermédiaire très-grande, sur l'écusson. En
dessous égal au type.

De Gorontalo, dans l'île de Célébes.

Var. 5. D'un testacé sale; tête violette à raie longitudinale testacée; élytres,
bords latéraux du prothorax, deux taches sur son disque, et six sur l'écusson, placées
par paires, de couleur violette. En dessous les taches latérales manquent souvent.

De Wanicoro.

Var. 6 (*Schoenherri*). Tête violette ou verte, à raie longitudinale testacée; prothorax violet à large figure d'aigle éployé de couleur testacé rougeâtre sur le disque;
écusson de cette dernière couleur à deux taches basilaires et deux autres apicales violettes; élytres violettes; en dessous tout le corps bordé de taches violettes.

De Borneo.

Var. 7. Comme la précédente, mais à six taches sur l'écusson.

De Java.

Var. 8. Marbrée de rouge, de jaune, de noir et de violet. (Voyez notre fig. 4me.)

De Timor.

Var. 9. Comme le n°. 7, excepté que les deux taches intermédiaires de l'écusson
se changent en large bande, interrompue au milieu par un mince filet.

De la Nouvelle Hollande.

Var. 10 (*Banksii*). Comme la réprésente la fig. 342 de Herrich-Schaeffer.

De Java, Timor, Sumatra et de Borneo.

Var. 11 (*Banksii*). Comme la réprésente sa fig. 341.

De Java, Borneo et de la Nouvelle Hollande.

Var. 12. D'un bleu noirâtre. Sur le front, sur le disque du prothorax, aux angles
antérieurs de l'écusson, au milieu du bord latéral et à l'apex de petites taches orangées.
Le dessous d'un jaune sale, marbré de brun et de violet.

De Timor.

Var. 13 (*Tongae*). D'un bleu presque noir, trois petites taches contigues sur le
disque du prothorax orangées et trois autres plus grandes sur l'écusson, dont la postérieure se compose de trois taches réunies. Dessous violet à ventre rouge.

De Java et de Tongotabo.

Var. 14. Violet à quelques taches noires ou d'un brun très-foncé; en dessous
poitrine verte ou bleue, ventre orangé.

De Tongotabo.

Notez que toutes ces variétés ont encore leurs transitions.

GENRE IV. **CANTAO**, Am. en Serv.

Corps allongé, quelque peu déprimé. Tête en triangle allongé. Ocelles rapprochés des yeux. Antennes à cinq articles, dont les trois derniers plus longs, égaux entre eux. Bec de la longueur de la tête et du thorax réunis. Prothorax court, plus large que long; ses angles latéraux souvent épineux. Écusson très-allongé, tronqué à l'extrémité; membrane des élytres dépassant notablement cette extrémité. Ventre à sillon longitudinal. Pattes assez allongées.

1) CANTAO OCELLATUS, Thunb.

Thunb., *Nov. Ins. Sp.* 60. fig. 72. Fabr., *S. Rh.* 129, 5 (*Tet. dispar*). Donovan, *Ins. of China*, *Hem.* pl. 13. fig. 1. Burm., *Handb.* II. 394, 5. Herr. Schaeff., *Wanz. Ins.* III. 99. t. 105. fig. 324. Germ., *Zeitschr.* I. 123. Stoll, *Punaises*, 143. pl. 37. fig. 260.

Luteo-flavus aut rufus, thorace spinis duabus armato, macula aeneo-nigra cuneiformi in capite, thoracis maculis 2—8, scutelli 4—8 nigris, saepissime ocellatis.

Long. a 14 usque ad 23 mm.

Hab. in Java, Sumatra, Timor.

D'un jaune ochracé pâle, d'un jaune rougeâtre ou d'un rouge brunâtre. La tête a une ligne longitudinale, qui n'atteint pas son bord antérieur, ainsi que sa nuque d'un noir métallique bronzé. Le prothorax, court et large, est armé ordinairement aux angles latéraux de deux fortes épines, recourbées en arrière. L'écusson est allongé et aplati. Le dessin du prothorax et de l'écusson varie extrêmement. Les individus les plus ornés ont sur le prothorax huit taches noires rondes à iris jaunâtre, disposées en deux rangées de quatre, et sur l'écusson 8 taches de même couleur, dont deux en forme de larmes aux angles antérieurs, puis une rangée de trois, formant chevron, et dont celle qui est au milieu est généralement la plus grande, puis deux taches ovales et obliques, enfin une au milieu du bord anal. Souvent plusieurs taches s'oblitèrent ou disparaissent, souvent l'iris manque de prunelle, ou bien la prunelle seule se montre; souvent les taches se touchent, chez d'autres elle se rapétissent jusqu'à n'être plus qu'un atome, de manière que ce dessin varie à l'infini. Notez encore que quelquefois les taches du prothorax s'amalgament. Élytres d'un noir bleuâtre, à liséré costal rouge; membrane et ailes enfumées. Dessous de la tête et du thorax d'un bleu ou vert métallique, avec les bords et quelques lignes ou taches rouges ou jaunes. Ventre jaune à quatre rangs de taches d'un bleu d'acier très-foncé, celles du disque oblongues aboutissant à une grande tache ronde sur le cinquième segment, celles du bord triangulaires. Les premières sont sujettes à disparaître. Les pattes sont d'un bleu métallique foncé; souvent les hanches et les cuisses sont rouges.

Il me semble qu'on trouve entremêlés des individus de toutes sortes de nuances. — Le Musée possède un mâle monstrueux très-petit, originaire de Java, dont l'écusson n'offre que 4 taches noires, dont la dernière est posée à gauche de la ligne médiane.

2) CANTAO PURPURATUS, Hope (de Haan ms.). (Planche I. fig. 5.)

Hope, *Catal.* p. 16. *White Ent. Trans.* III. 85 (*Parentum*).

Fulvo-testacea opaca, capite, antennis, maculis duabus thoracis, scutelli basi, ma-culisque 5 nigris, sicut pedibus cyaneis; ventre rufo maculis cyaneis.
Long. 18—20 *mm.*
Hab. Timor.

Les individus de cette espèce que je crois identique avec la *Callidea Parentum* de M. White, diffèrent fortement entre eux, quoique la couleur du prothorax et de l'écusson soit toujours un rouge de brique très-foncé. Je décrirai l'individu le plus marqué que possède le Muséum.

Tête ridée transversalement de rides très-subtiles, d'un noir bleuâtre, quelque peu brillant; antennes noires, comme le bec, qui est bleu à la base. Dos du protho-rax marqué de deux taches oblongues noires, chacune précédée d'un enfoncement ovale transversal. Prothorax inerme. Écusson offrant à la base entre deux fossettes une bande noire, suivie de deux taches noires obliques qui y touchent, au milieu une paire de taches oblongues et obliques, et non loin du bord anal un point, noirs. Élytres et pattes d'un noir violacé, membrane d'un noir brunâtre. Poitrine violette à reflets verts, ventre rouge offrant les mêmes taches violettes que l'*Ocellatus.*

L'individu le moins marqué n'a point de taches sur le prothorax et seulement les deux fossettes et une tache médiane à la base de l'écusson noires. L'état intermédiaire offre cinq taches à l'écusson.

La *Callidea Parentum* ne diffère que par la couleur générale, qui est d'un rouge pourpré aux bords, et par les caractères suivants: les lobes latéraux de la tête sont rouges; le prothorax offre, outre les deux taches oblongues, deux petits points noirs; le noir à la base de l'écusson est divisé en cinq taches bien distinctes, posées en sautoir.

C. Purpuratus nous vient de l'île de Timor, *Parentum* de Clarence-river en Australie.

GENRE V. **SCUTELLERA**, Lamarck.

Corps fusiforme. Tête triangulaire, obtuse, inclinée. Ocelles presque à égale dis-tance des yeux et entre eux. Bec dépassant le second anneau ventral. Antennes de cinq articles, dont le second le plus court, le quatrième le plus long. Prothorax aussi long qu'un sillon transversal qui le traverse après le premier tiers. Écusson très-allongé, ne laissant passer qu'un petit bord de la membrane des élytres. Ventre à sillon longitudinal profond. Pattes assez longues.

1) SCUTELLERA NOBILIS, F.

Stoll, *Punais.* p. 8. pl. 1. fig. 1. p. 13. pl. 2. fig. 7 et p. 20. pl. 4. fig. 22 et 23. Fabr., *Syst. Rh.* 129, 6. Wolf, *Ic. Cim.* 49. pl. 5. fig. 46. Burm., *Handb.* II. 395.

Hahn, *Wanz. Ins.* III. 24. pl. 81. fig. 247. Germ., *Zeitschr.* I. 124. n°. 2. Amyot et Serv., *Hém.* p. 30.

Viridis aut coerulea nitens, thoracis rufomarginati et scutelli lineola media ac maculis nigris, ventre rufo vittis obliquis auratis, femoribus rufis.

Long. 15—20 *mm.*

Hab. Java, Timor, Bengalia.

D'un vert ou bleu changeant et métallique, couvert sur la tête, le devant du prothorax, le dessous du corps et les pattes d'une villosité grise. Tête ridée transversalement; yeux bruns, ocelles rouges; premier article des antennes rouge, les suivants noirs. Gorge et bec rouges. Thorax profondément sillonné transversalement, offrant au bord antérieur une longue rangée de points enfoncés, les bords latéraux rouges, au milieu une mince ligne longitudinale noire; en outre on voit souvent de deux a six taches noires entre cette ligne et le bord. Écusson à base un peu renflée, couvert d'une multitude de petits points enfoncés, devenant plus forts et moins serrés vers la base qui néanmoins elle-même est lisse. De la base part une ligne médiane noire, ne dépassant jamais le milieu; en outre on voit chez quelques individus dix taches noires, qui semblent aisément s'obli-térer de manière à ce que l'on trouve des individus sans taches. Le dessous du corps d'un rouge pourpré avec des bandes transverses obliques, interrompues au milieu du ventre, dorées, ou d'un bleu ou vert métalliques. Hanches et cuisses rouges, genoux, jambes et tarses d'un violet métallique foncé.

Une variété, que M. le Dr. Müller nous a envoyée de Timor, se distingue par les différences suivantes. La tête est verte à trois taches noires; le premier article des antennes est noir. Le prothorax n'est point bordé de rouge, son premier tiers est vert, la partie restante bleue; ou y aperçoit très-distinctement cinq taches noires. L'écusson bleu a dix taches noires. Le ventre est d'un vert doré brillant, avec une grande tache jaune orangé au disque, le bord de cette dernière couleur, crenelé de noir. La plaque anale est uniformément verte. On pourrait prendre cette variété pour une espèce distincte, si un exemplaire de Pondichery, chez lequel le prothorax n'est pas bordé non plus, ne faisait le passage.

2) SCUT. AMETHYSTINA, Germ.

Stoll, *Punais.* p. 138. pl. 36. fig. 251. Germ., *Zeitschr.* I. p. 124. n°. 3.

Var.: Stoll, *Punais.* p. 34. pl. 7. fig. 49. Stål, *Ofvers. af. K. Vet.-Akad. Forh.* d. 12 *Mars* 1856 (Sc. Lanius).

Subtus pilosa, supra purpurea, thoracis maculis, scutelli fasciis tribus medio sub-interruptis apiceque nigricantibus, subtus lutea, cyaneo- et purpureo-fasciata.

Long. 18 *ad* 20 *mm.*

Hab. Java et Borneo.

Corps fusiforme, poilu sur la tête, le premier tiers du prothorax, le dessous du corps et les pattes, de couleur pourpre. Tête ridée seulement aux bords, violette en dessous ainsi que les deux premiers articles des antennes. Yeux bruns, ocelles rouges.

Bec rouge jusqu'à la moitié, ensuite noir. Prothorax profondément sillonné et offrant au bord antérieur une rangée de points enfoncés; ses bords latéraux verdâtres ou dorés. Deux taches aux angles antérieurs et 4 taches près de la base, bruns ou noirâtres. L'écusson offre trois bandes, deux petites taches latérales et une grande tache médiane de cette couleur; les bandes sont souvent interrompues, surtout la première. Toutes ces taches sont sujettes à s'oblitérer. Dessous du corps rouge, la poitrine à plusieurs taches violettes, le ventre à deux rangées de taches obliques, alternativement violettes et dorées. Stigmates noirs. Hanches et cuisses rouges, genoux, jambes et tarses d'un violet foncé.

La fig. 49 de Stoll réprésente une variété très-foncée. Le catalogue des Hémiptères de M. Dohrn réunit cette espèce a la *Scut. nepalensis* de M. Hope, que je crois distincte, ainsi que faisait M. Germar. Au contraire j'y réunis la *Scut. Lanius* Stål, qui ne me paraît différer que par la couleur rouge du premier article des antennes.

M. le Prof. Reinwardt en envoyant cet insecte de Java, lui donna le nom de *Scutellera pilosa* qui n'à jamais été publié. Le Muséum le reçut en outre de Borneo par l'envoi de M. S. Müller.

GENRE VI. **TETRARTHRIA**, Dallas.

Corps en triangle enté sur un ovale, peu bombé. Tête à lobe intermédiaire plus long que les latéraux; bords latéraux ondulés. Bec long, atteignant le 4me anneau ventral. Antennes allongées, de quatre articles, dont le premier court, les trois autres d'égale grandeur, deux fois plus longs que le premier. Angles latéraux du prothorax émoussés. Écusson arrondi postérieurement, ne laissant visible qu'un petit bout de la membrane des élytres. Ventre à sillon longitudinal profond. Pattes allongées.

1) MARGINEPUNCTATA, v. Voll. (Planche I. fig. 6.)

Purpureo-niger, capite aeneo maculato, antennis pallidis, articuli quarti basi alba, scutelli ac prothoracis margine flavopunctato.
Long. 15 mm.
Hab. Tondano in insula Celebes, Sylhet (Java?).
Cette espèce semble varier prodigieusement. Voici la description des individus que je prends pour type. Bords du corps en dessus et tout le corps en dessous couverts d'une villosité grise. Tête peu ponctuée, ayant une raie lisse au milieu, de couleur chocolat; deux lignes longitudinales et bordure des yeux d'un vert doré. Antennes pubescentes d'un brun pâle, la base du 4me article blanchâtre. Yeux bruns, ocelles jaunes. Prothorax ponctué, ayant au bord antérieur une rangée de points enfoncés, précédent un espace transversal lisse; cet espace couleur chocolat, le bord lui même vert doré. Disque du prothorax et de l'écusson d'un noir pourpré, orné de quelques lignes d'un bleu métallique obscur; bord entouré d'une série de taches triangulaires jaunes. Dessous du corps jaune; on voit à la tête et à la poitrine quelques lignes d'un vert doré. Bords du ventre marbrés de brun; 5me et 6me anneaux tout-à-fait bruns. Bec blond à pointe obscure. Han-

ches et moitié des cuisses de couleur blonde, l'autre moitié d'un brun foncé. Jambes et tarses d'un brun jaunâtre.

L'étiquette dit le type originaire de Java.

Le Muséum a reçu du Sylhet un individu un peu plus pâle, chez lequel la bordure de l'écusson est interrompue à la pointe.

Une variété bien plus pâle est de même étiquetée de Java. Cependant il a les antennes plus obscures. Le jaune de la bordure du prothorax s'est dilaté de manière à former un croissant renversé, qui couvre presque tout le disque et ne laisse libre en arrière qu'un demi-cercle noir, traversé longitudinalement par trois lignes d'un vert métallique. L'écusson est jaune et n'offre de la couleur typique que quatre taches, ressemblantes quelque peu à des dauphins héraldiques adossés. Les cuisses ont un reflet métallique, les jambes sont obscures.

Les variétés de Tondano sont bien plus foncées. L'une d'elles a les antennes d'un brun clair, le thorax d'un brun chocolat, luisant sur la partie lisse, mat sur la partie ponctuée; on n'y aperçoit que 4 petites gouttes jaunes. L'écusson de même couleur, offre aux bords latéraux six gouttes jaunes, bordées de noir. Dessous du corps comme chez le type.

L'autre est noire en dessus, à tête, bords antérieur et latéraux du prothorax, ainsi-que les élytres de couleur chocolat très-foncée et luisante. Sur le prothorax l'on aperçoit quatre gouttes jaunes, dont deux très-petites, et sur l'écusson 9 petites taches jaunes en bordure, de même que six lignes d'un vert métallique peu brillant sur le disque. En dessous le premier article des antennes est jaune, de même que le milieu de la poitrine, les hanches, avec une tache quadrangulaire au milieu du ventre. Tout le reste est d'un noir bronzé.

GENRE VII. **CALLIDEA**, Burm.

Corps ovale, tantôt allongé, tantôt arrondi, toujours bombé. Tête triangulaire, à lobe intermédiaire dépassant les latéraux. Antennes à second article court, généralement trois fois plus court que le troisième, quelquefois jusqu'à dix fois plus court, chez les mâles. Ocelles fort rapprochés des yeux. Bec ne dépassant pas le second anneau du ventre. Bords du prothorax quelquefois dilatés. Écusson arrondi au bout, ne laissant passer qu'une mince portion de la membrane. Ventre sans sillon. Pattes variables.

Ce genre, riche en espèces, ne se distingue nullement par la netteté et la précision de ses caractères. En vérité il ne se distingue pas assez des genres *Libyssa*, *Sphaerocoris* et *Choerocoris*. Un jour ou l'autre probablement on le démembrera, lorsque les richesses entomologiques de l'Archipel Indien en de l'Australie auront été mieux examinées; jusqu'ici il ne nous semble pas nécessaire d'y faire de nouvelles coupes, à nous qui aimerions mieux réunir certains genres nouveaux aux anciens, par exemple *Cantao* à *Scutellera*. En attendant le démembrement prochain, le lecteur trouve ici une table analytique des espèces qui appartiennent à la Faune dont nous traitons.

TABLE ANALYTIQUE

des espèces, qui appartiennent à la Faune de l'archipel Indo-Néerlandais.

A. Bords des anneaux de l'abdomen armés de petites dents pointues.
   a. Bec n'atteignant que les dernières hanches.
      α. Prothorax rouge . . . . *Regia.*
      β.   //   violet ou vert, écusson rouge . . . . *Billardieri.*
      γ.   //   et écusson d'un vert doré . . . . *Caesar.*
   b. Bec atteignant le second anneau du ventre.
      + Bourrelet de l'écusson peu bombé.
        1. Couleur jaune ou orangée. . . . . *Baro.*
        2.   //   rouge de sang, écusson à cinq taches . . . *Grandis.*
        3.   //   pourpre, écusson à six taches . . . . . *Sex-maculata.*
        4.   //   rouge de sang, écusson à 4, 3 ou 2 taches. *Atricapilla.*
      + + Bourrelet de l'écusson très-bombé. . . . . *Quadrimaculata.*
B. Bords du dernier anneau de l'abdomen armé de deux petites pointes. *Nobilis.*
C. Bords des anneaux de l'abdomen inermes.
   A. Bords latéraux du prothorax dilatés.
      α. Bec atteignant le second anneau du ventre . . . . . *Modesta.*
      β.   //   //   le milieu du premier anneau.
        o. Couleur dorée. . . . . *Schwaneri.*
        oo.   //   verte ou bleu métallique.
          1. Ventre vert sans tache jaune . . . . *Eques.*
          2.   //   //   à petite tache orangée . . . . . . *Sumatrana.*
          3.   //   //   à large tache jaune . . . . *Dilaticollis.*
   B. Bords latéraux du prothorax non dilatés.
      * Second article des ant. aussi long que le troisième . . *Reynaudii.*
      **   //   //   //   // presque imperceptible chez le mâle
               (écusson violet à bande apicale rouge) *Schlegelii.*
      ***   //   //   //   // plus court que le suivant.
      a. Écusson doré sans taches. . . . . *Ditissima.*
      b.   //   à deux taches d'un rouge cuivreux . . . *Fastuosa.*
      c.   //   violet à base dorée ou orangée . . . . . *Senator.*
      d.   //   bariolé de rouge et de vert foncé . . . . *Stålii.*
      e.   //   cuivreux, à taches noires. . . . . *Eximia.*
      f.   //   vert foncé ou brun, à taches noires . . . *Variabilis.*
      g.   //   violet, vert brillant ou bleu, à taches noires.
        1. Ventre vert, sans taches . . . . *Gloriosa.*
        2.   //   vert à bordure rouge . . . . *Lateralis* et *Ob-*
        3.   //   violet.   *tusa.*
          + à disque noir. . . . . *Hypomelaena.*
          + + à tache médiane orangée . . . . *Bosschei.*

4. Ventre vert ou bleu, à taches jaunes ou orangées.
    o. à grande tache d'un jaune pâle . . . . . . *Gibbosa.*
    oo. à deux lunules orangées . . . . *Bilunulata.*
5. Ventre jaune.
    * à taches triangulaires bleues . . . . . . *Chrysoprasina.*
    ** // // ovales noires . . . . *Purpurea.*
6. Ventre rouge, tacheté de noir : . . . . . . *Hypherytra.*

---

1) CALL. REGIA, Hope.

Hope, *Catal. of Hemipt.* p. 16. Germ., *Zeitschr.* I. p. 126. n°. 8. Herr. Schaeff., *Wanz. Ins.* V. p. 82. pl. 171. fig. 528.

Major, rufoflava, nitida, capite, pectore, ano, elytrisque violaceis.
Long. 19 *mm.*
Hab. Timor.

Grande, corps en ovale allongé, second article des antennes huit fois plus court que le suivant chez le mâle, six fois chez la femelle. Bec ne dépassant que peu la dernière paire de hanches. Tête quelque peu ridée par devant; prothorax et écusson très-ponctués, excepté un espace transversal au bord antérieur du premier; ventre très-subtilement ridé en travers. Couleur d'un jaune orangé brillant; tête, poitrine, bords latéraux du prothorax, élytres, excepté la base de leur bord costal, anus, ainsi que des petites taches costales au ventre, d'un violet foncé. Antennes d'un noir bleuâtre; articulation du troisième au quatrième article rouge brun. Tous les anneaux de l'abdomen ont une petite pointe au bord.

Vᴀʀ. 1. Une petite ligne noire longitudinale sur le prothorax.

Vᴀʀ. 2. Une tache noire en forme de coeur sur le prothorax, une linéole noire sur l'écusson, et la poitrine verte.

Trouvée par M. Macklot dans l'île de Timor. — Cette espèce est assez voisine de l'*Imperialis* F. et de la *Regalis* F. qui se trouvent à la Nouvelle Hollande (¹).

2) CALL. BILLARDIERI, F.

Fabr., *Syst. Rhyng.* 129, 4. Guérin, *Zool. du Voy. de la Coquille.* II. p. 154. *Atlas, Ins.* pl. XI. fig. 1.

Major, violacea, scutello abdomineque flavo-rufis, apice cyaneis.
Long. 16 *ad* 20 *mm.*
Hab. Macassar, Nova Hollandia, Ambonia et Celebes.

(¹) Il m'est impossible de déterminer ce que pourrait être la *Scutellera Peronii*, Guérin (Zool. du Voy. de la Coquille, II. p. 155. Atl. Ins., pl. XI. fig. 4) le texte étant en contradiction formelle avec la figure. Eu égard seulement au premier, j'incline à penser que la *Peronii* est une variété verte de la *Regia*, bien sous-entendu que dans le texte de M. Guérin pour // le thorax est vert-violet //, il faudra lire, // la poitrine est etc //.

De même forme et grandeur que la précendente; longueur du bec, du second article des antennes comme chez celle-là; des pointes au bord de l'abdomen. La tête plissée très-vaguement; prothorax lisse avec deux rangées transversales de points enfoncés; écusson ponctué, excepté à la base.

Tête violette, à occiput vert métallique et lobe médian souvent noir. Yeux d'un brun rouge. Antennes noires, pubescentes. Prothorax violet, souvent à reflets verts, quelquefois marqué près du bord antérieur de trois taches noires ovales, posées transversalement. Ailes violettes à membrane brune. Écusson d'un rouge lavé de jaune à tache violette au bout, bordée antérieurement d'un liséré doré. Tête en dessous et poitrine violettes ou d'un vert métallique; ventre rouge, 5me, 6me anneaux et bords du 3me violets ou verts. Bec et pattes d'un violet foncé.

Var. M. R. T. Maitland, conservateur à la société Zoologique d'Amsterdam, a offert au Museum une variété, provenant de Célébes, à deux taches réniformes noires à reflets verts sur le disque de l'écusson.

Nota. Un des individus du Muséum offre dans l'antenne gauche une anomalie bizarre. Cette antenne n'a que quatre articles dont les deux premiers normals, le troisième un peu plus long que celui de droite, et le quatrième $1\frac{1}{2}$ fois plus long qu'il ne devrait être. Le cinquième manquant, a été remplacé par l'extension anomale des deux autres.

Les individus de Macassar sont les plus grands; celui d'Amboine et celui de la Nouvelle Hollande ne diffèrent que par la taille.

3) CALL. BARO F. — Var. *pallens*, Am. et Serv.

Am. et Serv., *Hémipt.* p. 31. pl. 1. fig. 4.

Pallide lutea, capitis basi lineaque media, macula prothoracis antica, maculisque duabus scutelli nec non strigis abdominalibus nigris.
Long. 25 *mm.*
Hab. Java? et Bengaliam.

D'un jaunâtre pâle, luisant, en dessus. Tête ayant une ligne longitudinale au milieu et sa partie postérieure, d'un noir luisant. Bords latéraux du prothorax légèrement sinués au milieu; une tache d'un noir luisant, arrondie en arrière, touchant le bord antérieur, deux taches oblongues, transverses, noires, sur le disque de l'écusson, sa base offrant de chaque côté une tache analogue, noire. Dessous du corps d'un noir bleuâtre luisant, avec des bandes latérales transverses, d'un jaunâtre luisant pâle, qui se rejoignent sur les deux avant-derniers segments du ventre. Plaque anale d'un jaune luisant pâle. Pattes d'un noir bleuâtre métallique. Antennes noires. Mâle (Am. et Serv.).

Les auteurs que nous citons, prétendent que cette espèce soit originaire de Java; nous pensons qu'il y a erreur. Aucun individu de *Pallens* ne nous est venu de nos possessions. Le Museum possède le *Baro* (dont le *Pallens* n'est sans aucun donte qu'une variété locale) de la Chine et du Sylhet, le *Pallens* du Bengale.

4) CALL. GRANDIS, Thunb.

Thunb., *Nov. Ins. Species.* 31. tab. 2. fig. 46. Germ., *Zeitschr.* I. p. 128. n°. 13.

Rufa, thoracis maculis tribus, scutelli quinque nigris (Germ.).
Long 25 mm. sec. Thunbergii figuram.
Hab. Java, secundum Dallas.

Grande, allongée, bombée, lisse, violette en dessous, d'un rouge de sang en dessus avec des taches noires. La tête bleue à ligne médiane et antennes noires. Prothorax très-bombé d'un rouge de sang, au bord antérieur liséré de violet et à la base noire, de chaque côté en arrière de l'angle antérieur un point et sur le disque une grande tache, noirs. Écusson de la même couleur rouge, le noir du prothorax semblant s'étendre sur sa base. Cinq taches noires sur l'écusson, une sur la ligne médiane près de la base, arrondie, deux autres costales simulant une bande interrompue au milieu, une autre formant une bande raccourcie des deux cotés, une dernière près du bord anal. Au milieu du ventre on voit souvent une tache couleur de sang. Pattes noires. (*Thunb.*)

Thunberg et Germar donnent vaguement les Indes Orientales pour sa patrie, Dallas la dit originaire de Java. Elle manque à la collection du Museum.

5) CALL. SEXMACULATA, Leach. (Planche I. fig. 7.)

Leach, *Zool. Misc.* I. 36. pl. 14. Germar, *Zeitschr.* I. p. 128. n°. 12 (*Iris*).
Herr. Schaeff., *Wanz. Ins.* V. p. 80. pl. 171. fig. 526 (*Mauvaise figure*).

Maxima, purpurea, cyaneo-micans, thoracis basi et maculis quatuor, scutelli angulis ac maculis sex, strigis abdominalibus nec non antennis nigris.
Long. 24 mm.
Hab. insulam Bantam prope Singapore (secundum Germar) et insulam Java.

Probablement cette espèce ne sera qu'une variété de la *Grandis;* l'entomologiste qui aura comparé plusieurs individus pourra seul décider cette question.

Couleur du dessus du corps pourpre à reflets d'un bleu argenté. Tête ridée transversalement à l'apex; occiput d'un vert bronzé noirâtre; yeux bruns, ocelles d'un brun jaunâtre. En dessous la gaine du bec d'un vert métallique, labre jaune. Antennes noires, second article $\frac{1}{6}$ du suivant. Corselet ponctué, plus fortement au milieu du bord antérieur, qui est d'un vert bronzé, et du disque, l'espace entre ces deux lisse. Une tache cordiforme sur le disque, une bande raccourcie le long du bord postérieur et deux petites taches aux angles latéraux noires; ces angles quelque peu pointus. Écusson ponctué, à bourrelet de la base lisse; ponctuation plus forte aux angles antérieurs. Deux taches d'un noir bronzé en arrière du bourrelet; une tache noire à chaque angle antérieur, une autre bien plus grande, presque carrée, plus bas près du bord latéral, et une bande transversale, interrompue au milieu, noires. Élytres noires à bord costal pourpre. Poitrine variée de vert, de noir et de rouge; ventre rouge à bords pourpre; une grande tache basale, une anale plus petite, et des stries obliques sur les côtés d'un noir luisant. Pattes d'un noir métallique, pubescentes.

6) CALL. ATRICAPILLA, Guér.

Guérin, *Voyage d. l. Coquille, Zool.* II. 156. Hope, *Catalogue.* 14 (*Tect. javana*).
Germ., *Zeitschr.* I. 129. n°. 14. Herr. Schaeffer, *Wanz. Ins.* V. 81. pl. 171. fig. 527.

*Rufa, capite, antennis, pedibus, prothoracis macula antica, scutelli maculis tribus
aut quatuor, abdominisque strigis obliquis nigris.*

Long. 15—18 *mm.*

Hab. Java et Borneo.

De la même forme que la précédente, mais plus petite. Tête d'un noir, quelquefois violet, à bords latéraux émarginés. Yeux d'un brun très-foncé, ocelles d'un brun topaze. Prothorax ponctué, quelquefois à partie lisse à l'antérieur du disque; ses angles arrondis. Couleur rouge de sang, quelquefois à reflet violet; une tache noire, plus ou moins grande occupe le milieu du bord antérieur et s'avance de là carrément vers la base. Écusson très-ponctué, à bourrelet basal ridé transversalement; le long de la base un liséré noir; deux paires de taches sur le disque, les deux premières plus petites, quarrées, touchant le bourrelet, les deux autres, plus larges, au milieu du dos. Antennes noires, pubescentes; second article chez le mâle $\frac{1}{10}$ du suivant, chez la femelle $\frac{1}{5}$. Le bec d'un brun foncé, à labre jaunâtre, atteint le second anneau du ventre. Poitrine violette à bords rouges. Ventre rouge à tache basale, tache anale et stries obliques latérales, noires. Élytres couleur lie de vin; pattes noires.

Var. 1. La seconde bande de l'écusson manque.

Var. 2. Les deux taches postérieures font bande.

Var. 3. En outre il y a une lunule noirâtre apicale.

Var. 4. En outre on aperçoit une seconde tache noire sur le prothorax en arrière de la tache normale.

Cette espèce semble être très-commune à Java. Le Muséum possède un seul individu de Bornéo.

7) CALL. NOBILIS, L.

Linnaeus, *Syst. Nat.* I. 716, 3. Guérin, *Zool. Voy. de la Coquille.* II. p. 159 et 162 (*Buquetii*). Dall., *list of Hem. Ins. Brit. Mus.* p. 25. n°. 11.

Aurata, viridis aut violacea, thoracis maculis 9, scutelli 7 nigris, ventris viridi-aurati disco aurantiaco, margine rufo,

Long. 16 *mm.*

Hab. Timor, Borneo et Celebes (Sec. Guérin et Dallas, Java).

Je me fie à M. Dallas pour ce qui concerne le nom Linnéen de cette espèce, qui varie beaucoup, à ce que l'on verra, et pourrait bien être une avec la *Praslinea* Guérin, dont le Musée possède des variétés à cuisses et milieu du ventre rougeâtres, lesquelles alors feraient le passage de l'une à l'autre espèce.

Tête assez petite, déclive sur les bords, d'un vert brillant à ligne médiane plus foncée et bleuâtre. Yeux gros, saillants, bruns; ocelles fort rapprochés des yeux, de couleur topaze. Antennes noires; leur second article ayant un tiers de la longueur du troisième. Prothorax assez profondément mais vaguement ponctué, vert à bords lisérés de bleu et à 9 taches noires, disposées en deux bandes, la première de trois petites taches transversales, la seconde de six taches dont la 2me et 5me sont les plus grandes; les deux extérieures sont sujettes à s'effacer. L'écusson est un peu enfoncé à sa base, fortement ponctué; il a de chaque côté trois taches rondes, assez grandes, et une plus petite sur la ligne médiane près de l'extrémité. Les élytres sont d'un brun violet à fine bordure pourpre. Dessous de la tête et du thorax varié de vert doré et de violet, à liséré pourpre le long des bords du prothorax. Le bec noir, dont la lèvre supérieure est rouge, atteint les dernières hanches. Abdomen, dont le dernier anneau est armé d'une dent minime, d'un beau rouge vermillon sur le disque et d'un rouge pourpre sur le bord externe; entre ces deux rouges un fer-à-cheval varié de violet, vert doré et noir. Cuisses rouges, genoux verts ou bleus, jambes et tarses d'un noir métallique.

Variétés:

1. Disque du prothorax et de l'écusson, ainsi que la tache en fer-à-cheval de l'abdomen d'un rouge doré éclatant.

2. Tout ce qui est vert dans le type se trouve ici changé en violet très-obscur. (Ce changement pourrait-il être attribué aux effets de quelque ligneur alcoholique?)

3. Vert indigoté à taches très-petites, 6 sur le prothorax, 7 sur l'écusson. (Celleci est la *Buquetii* de M. Guérin; elle provient de Borneo et non pas de Java.)

4. D'un brun-rougeâtre métallique, à grandes taches couleur lie de vin finement bordées de vert doré. Les deux taches intermédiaires de la seconde bande de l'écusson se sont fondues en une seule.

5. D'un brun-rouge à reflets verts. Tête verte. Taches petites et peu distinctes.

6. D'un gris rougeâtre. Tête à reflets verts. Taches petites et peu distinctes.

Le type se rencontre à Timor et Célèbes; les var. 1, 2 et 4 à Timor; 3, 5 et 6 à Borneo.

8) CALL. EXIMIA, Voll. (Planche I. fig. 8.)

Capite thoraceque aut viridibus aut violaceis, scutelli rufo-aurati maculis quinque violaceo-nigris, ventre rufo, nigro-marginato.

Long. 15—18 *mm.*

Hab. Ambon, Ternate, Morotai, Sumatra.

Cette espèce est assez variable. Sà tête, quelque peu ridée aux contours et derrière les ocelles, est violette ou verte avec une ligne longitudinale d'un noir violet. Les yeux sont prominents, d'un brun foncé; les ocelles, très-rapprochés de ceux-ci, sont rouges. Antennes noires; leur second article un quatrième de la longueur du suivant chez le mâle, un tiers chez la femelle. Prothorax d'un violet foncé à deux raies longitudinales d'un vert doré, ou bien de cette dernière couleur à six taches violettes. Écusson d'un rouge doré, souvent vert à la base, à cinq taches d'un noir violet, plus ou moins distinctes; la première couvrant presque le bourrelet en entier, la seconde une bande transversale ondulée, ne touchant point aux bords latéraux, et émettant un filet du milieu de son bord postérieur; puis deux autres grandes ovales, séparées seulement par un mince canal en arrière de la bande, et la cinquième anale. Bec noir, atteignant les dernières hanches, marqué de jaune à son premier article. Poitrine d'un noir métallique ou violet; abdomen rouge à bordure, ou bien à taches costales, noires. Pattes noires à hanches et bases des cuisses rouges.

Variétés:

Un individu de Sumatra, envoyé par M. Ludeking, a l'écusson tout-à-fait doré à quatre taches violettes, l'une assez grande sur la ligne médiane en arrière du bourrelet, deux autres très-petites au lieu des grandes taches ovales et l'anale normale.

Deux individus d'Amboine, produit des recherches de M. le docteur Forsten, ont le prothorax vert à bordure latérale et bande transversale d'un rouge foncé, puis l'écusson de couleur rouge de cérise à deux taches, une grande cunéiforme descendant de la base, une ronde anale, et à deux points latéraux d'un noir violet (¹).

9) CALL. CAESAR, Voll. (Planche II. fig. 1.)

Capite thoraceque viridi-aureis, fere immaculatis, scutelli aurati maculis quinque violaceo-nigris, ventre viridi, nigro fasciato.

Long. 22 *mm.*

Hab. Morotai.

Une des plus grandes espèces, qui quoique appartenant au groupe ayant le bord des anneaux de l'abdomen armés de petites dents pointues, quant à la couleur se place naturellement à côté de l'*Eximia.*

Tête et prothorax d'un vert doré; bords latéraux du premier bleuâtres; trois impressions rugueuses sur le lobe médian. Yeux gros d'un brun foncé; ocelles couleur d'ambre. Antennes noires; leur second article un cinquième de la longueur du suivant. Bord antérieur du prothorax ponctué, ainsiqu'une raie transversale avant le milieu, bord postérieur bleuâtre entre deux taches noires peu-distinctes. On voit une autre tache noire indistincte à chaque angle latéral; et deux cercles irréguliers bruns non loin de l'angle antérieur. L'écusson a le milieu de la base lisse, les angles grossièrement ponctués, le disque à ponctuation plus fine et serrée. A la base on aperçoit un mince liséré bleu, puis quatre taches d'un noir bleuâtre en trapèze sur le disque, dont les deux postérieures sont les plus grandes et séparées seulement par un mince filet; tout près du bord anal se voit une cinquième tache, qui semble née de la jonction de deux petites. Élytres d'un brun très-foncé à bord violet; membrane brune. Dessous du corps d'un vert doré, à taches bleues près des hanches; la base de chaque anneau de l'abdomen à bande noire, s'arrêtant aux stigmates. Bec noir, dépassant un peu les hanches postérieures. Pieds d'un vert noirâtre luisant, à tarses bruns.

Un seul individu femelle de cette espèce remarquable, recueilli par M. Bernstein dans l'île de Morotai, située au nord de Halmaheira (Gilolo), parvint au Musée Royal justement lorsque j'étais occupé à écrire les dernières pages de cette monographie.

(¹) A cette variété pourrait bien se rattacher la *Tetyra regalis* F. de la Nouvelle Hollande, espèce que je ne connais pas en nature.

10) CALL. VARIABILIS, Voll. (Planche I. fig. 9.)

Viridis sive brunnea punctatissima, capite viridi seu nigro, scutelli macula cordi-formi et fasciis duabus nigris, ventre rufo, fuscovario.
Long. 15—18 *mm.*
Hab. Bali.

Cette espèce varie encore plus que l'*Eximia*, de sorte que l'on a de la peine à trouver deux individus égaux. La tête, verte ou noire, peu ponctuée et assez ridée surtout à la base, offre sur le lobe médian deux petits traits enfoncés en forme de Λ. Les yeux sont bruns foncés; les ocelles petits d'un brun rougeâtre. Antennes noires; second article huit fois plus petit que le troisième chez le mâle, cinq fois chez la femelle. Thorax très ponctué, notamment au bord antérieur, après lequel se voit un espace ridé transversalement. La couleur en est verte, olivâtre ou brune, souvent à bande postérieure noire ou noirâtre. Écusson finement pointillé, à points plus gros, plus serrés et plus enfoncés sur la partie costale qui touche aux angles antérieurs, presque lisse sur le bourrelet. Le plus souvent on voit une tache noire cordiforme en arrière du bourrelet, quelquefois accompagnée de deux taches latérales, puis une bande ne touchant pas aux bords, traversant le milieu du disque, et une autre plus en arrière; après cette dernière la couleur du fond est toujours d'un brun rouge. Les élytres sont brunes ou violettes. Bec noir, atteignant le second anneau de l'abdomen; lèvre supérieure rougeâtre. Poitrine verte, violette ou brune. Ventre rouge à taches brunes variables. Pattes noires, ou vertes, à jambes et tarses pubescents en dessous.

Cette espèce semble assez commune dans l'île de Bali. J'en dois la connaissance à M. le Docteur Bleeker, qui a eu l'obligeance de céder au Muséum tous les individus qu'il possédait.

11) CALL. REYNAUDII, Guér.

Guérin, *Voy. Bélanger, Zool.* 497. *Ins.* pl. 4. fig. 3. Germar, *Zeitschr.* 1. p. 136. n°. 9. Hope, *Catal.* p. 16 (*Pulchra*).

Oblonga, thoracis et abdominis basi gibbosa, scutello rubro maculis sex nigris, cor-pore subtus flavo, cyaneo-maculato, antennarum articulis secundo et tertio aeque longis.
Long. 15 *mm.*
Hab. Java et Borneo.

A la rigueur cette espèce pourrait être détachée du genre *Callidea* et former un genre nouveau, à cause de la longueur du second article des antennes qui égale celle du troisième; cependant l'affinité de la *Reynaudii* avec la *quadrimaculata* est si grande, que l'on ne saurait les séparer.

Tête et thorax en dessus d'un vert bleuâtre éclatant; la première souvent à raie longitudinale de couleur plus foncée. Yeux et ocelles d'un brun clair. Premier article des antennes jaune à bout violet, second violet, les suivants noirs. — Bec, atteignant le milieu du premier anneau ventral, d'un jaune très-pâle, aux deux derniers articles noirs. Pro-thorax presque lisse, vert ou bleu métallique, à dix taches noires, disposées en deux rangées transversales; la partie basale très-bombée. Écusson rouge ou orangé, ponctué, à l'exception du bourrelet, qui est lisse et fortement bombé; apex émarginé. Six taches noires sur l'écusson, dont quatre, les moyennes, plus grandes, sur une ligne courbe un peu avant le milieu, et les deux autres plus larges et moins longues un peu en arrière. En dessous la tête est bleue, le corps d'un jaune pâle, plus intense vers le bord qui est marqué de plusieurs taches bleues. Les hanches sont d'un jaune pâle, couleur qui s'étend sur le dessous des cuisses. Le dessus de ces organes, ainsi que les jambes et les tarses sont d'un beau violet.

Le Muséum possède quelques individus de Java, un seul de Borneo, qui est de petite taille et a la tête et le prothorax d'un vert doré, à taches violettes.

Variétés:

1. Tête verte à reflets violets et pourpres; prothorax pourpre à reflets d'un vert doré et à taches violettes. Écusson d'un jaune orangé aux six taches normales. — De Java.

2. Tête et prothorax d'un violet pourpre sans taches. Écusson d'un jaune orangé à quatre taches, les deux dernières manquant. Le Muséum doit cette variété remarquable à l'obligeance de M. R. T. Maitland, conservateur à la Société Royale de Zoologie à Amsterdam.

CALL. QUADRIMACULATA, Voll. (Planche II. fig. 2.)

Oblonga, capite thoraceque violaceis, hoc nigro-trimaculato, scutelli, basi gibbosi, rubri, maculis quatuor nigris, antennarum perlongarum articulo secundo in mare paene deficiente.

Long. 14 mm.

Hab. Ambon.

Cette espèce et la suivante sont remarquables par leur forme particulière; le lobe médian de la tête avance plusqu'à l'ordinaire; le prothorax est comme divisé en deux par un profond sillon et par l'émarginature des bords latéraux; ses angles latéraux sont fort prominents, sa base est coupée presque droit. Le bourrelet de l'écusson est très bombé. Le second article des antennes du mâle est si petit, qu'on le remarque difficilement; ce même article chez les femelles a un cinquième de la longueur du suivant. Les antennes du mâle sont presque aussi longues que le corps, leur 3me art. est courbé, en massue et canaliculé, le quatrième aplati, sillonné et pubescent.

Tête et prothorax d'un violet foncé luisant. Yeux et ocelles d'un brun clair; premier article des antennes violet, les suivants noirs, à articulations jaunâtres. Labre jaune, bec noir atteignant le milieu du second anneau ventral. Trois grandes taches noires, carrées, sur la partie basale du prothorax. Écusson rouge à bord empourpré, à partir de l'angle basal jusqu'au milieu du bord latéral; cette partie empourprée à ponctuation profonde. Quatre taches noires, deux allongées obliques, se touchant prèsque au milieu du disque, et deux autres plus carrées, placées en avant des autres et touchant quelquefois leurs angles antérieurs. Élytres violettes à membrane brune; ailes brunes. Dessous de la tête et la poitrine d'un violet luisant. Hanches blanchâtres, pattes d'un noir violet. Ventre rouge à tache basale et apicale noires. L'angle postérieur de ses anneaux épineux.

D'Amboine, où elle paraît être rare.

13)   CALL. SCHLEGELII, Voll. (Planche II. fig. 3.)

Oblonga, violacea nitens nigromaculata, scutelli apice rubro.
Long. 15 mm.
Hab. Halmaheira, Bajoa et Ternate.

Cette espèce a la même forme que la précédente, excepté que le ventre n'est pas épineux aux bords; la ponctuation est aussi la même. Tête violette à lobe médian obscur. Thorax de même couleur à cinq taches noires, une cunéiforme au milieu, deux petites transversales près des angles antérieurs, deux autres plus grandes posées sur la base près des angles latéraux. Écusson violet; deux taches noires réniformes sur la moitié antérieure; de leur sommet part un trait qui longe le bord extérieur du bourrelet; deux autres taches, passé le milieu, formant une bande interrompue, suivies d'une autre bande noire, échancrée par la couleur rouge de l'apex. — Poitrine et dessous de la tête violets; pattes et bec d'un noir violet; ventre noir luisant; 1me et 2me anneau à taches violettes costales; sur le 3me, 4me et 5me anneau une large bande rouge en forme de fer à cheval. Chez un individu la tache noire anale n'existe pas.

M. Forsten envoya quelques exemplaires de l'île de Halmaheira, communément appelée Gilolo. M. Bernstein envoya deux individus de Kajoa et de Ternate.

Je dédie cette belle espèce à M. le Professeur Dr. H. Schlegel, Directeur du Muséum Royal d'Histoire Naturelle à Leide, savant dont la réputation est depuis longtemps Européenne.

14)   CALL. STÅLII, Voll. (Planche II. fig. 4.)

Oblonga, viridis sive cyanea, thoracis vitta, scutelli lineis obliquis ac maculis, nec non ventre aurantiaco, hoc maculis cyaneis submarginalibus.
Long. 12 mm.
Hab. Timor.

Voici encore une espèce remarquable qui ne cadre pas absolument dans le genre et qui, si l'abdomen débordait l'écusson, pourrait aisément trouver sa place dans le genre *Choerocoris*.

La forme du corps est allongée, la tête large et très-obtuse; le prothorax dépourvu de sillon transversal, un peu bombé dans sa partie postérieure; le second article des antennes est de moitié plus court que le troisième. Tout le corps est grossièrement ponctué.

Tête violette à occiput d'un vert doré. Yeux et ocelles bruns. Base du premier article des antennes rouge, tout le reste noir. Bec noir de longueur à atteindre les hanches de la dernière paire. Prothorax bleu, violet, vert foncé ou bronzé à ligne longitudinale orangée, rétrécie vers la base. Écusson de couleur orange à bordure bleue, interrompue à l'apex; le disque est chargé de trois taches d'un noir bronzé, dont la première a quelque ressemblance avec le lis héraldique et dont les deux autres, posées en arrière de celle-ci, sont ovales. Souvent la première tache touche des deux côtés à la bordure. En dessous la tête et la poitrine sont vertes ou bleues, à raies d'un brun pale, couleur que l'on retrouve aux hanches et à la base des cuisses. Pattes d'un noir verdâtre métallique. Ventre orangé, à petites taches bleues près du bord latéral et large tache verte ou noire au milieu du cinquième anneau.

M. Macklot nous a envoyé de Timor cette curieuse espèce, que je me fais un plaisir de dédier à M. le Docteur C. Stål, célèbre par ses ouvrages sur les insectes Hémiptères.

15) CALL. SENATOR F.

Fabr., *Syst. Rh.* 131, 14. Germ., *Zeitschr*. I. 121. n°. 22 (¹).

Var.: Hope, *Catal.* 15 (*Binotata*). Germ., *Zeitschr*. I. 129. n°. 16 (*Calliphara basalis*). Blanch. in d'Orbigny, *Dict. d'hist. nat. Hém.* pl. 4. fig. 7 (*Aurantiaco-maculata*).

Oblongo-obtusa, nigra nitida, thorace antice, scutello basi, fascia media apiceque viridibus aut coeruleis, abdominis margine cum femoribus rufis.

Long. 10 *mm.*

Hab. Ambon, Halmaheira, Morotai, Sumatra, Insula Melvillei et Nova Hollandia.

Espèce connue depuis soixante années, mais qui varie assez pour avoir donné lieu à la création de plusieurs espèces nominales. Pour type on prend la forme la plus anciennement décrite.

Tête fortement inclinée, obtuse, pubescente, pointillée, de couleur noire à apex souvent vert. Thorax à angles émoussés, fortement ponctué près du bord antérieur, sur le sillon transversal, ainsi qu'aux angles postérieurs; noir avec la partie en devant du sillon verte ou d'un vert doré. Écusson ponctué aux bords et sur la partie postérieure du disque, noir à deux bandes et une tache vertes; la première bande est basale, la seconde se voit passé le milieu, la tache est anale; celle-ci communique souvent avec la bande qui précède, par un petit trait. Yeux et ocelles d'un brun très-clair. Antennes noires, troisième article des antennes double du second. Bec brun rougeâtre, atteignant le milieu du premier anneau. Poitrine noire à deux taches dorées aux bords latéraux. Ventre noir à bordure dentelée rouge et plaque anale dorée. Pattes pubescentes noires, à hanches et cuisses rouges.

Variétés:

1. Sur le bord doré du prothorax l'on remarque deux traits fourchus très-délicats noirs, sur la base de l'écusson de petits traits rouges. Le ventre est de couleur bronzée et bleue (*Binotata*).

2. Violette à bord du prothorax doré et bourrelet de l'écusson rouge. Ventre violet à reflets verts.

3. Comme la précédente, mais au milieu du bord doré du prothorax l'on voit une tache rouge (*Basalis*).

4. Tout-à-fait verte, à l'exception du bourrelet de l'écusson, des hanches et cuisses, ainsi que du bord ventral, qui sont couleur jaune d'oeuf (*Aurantiaco-maculata*).

5. Comme la variété 4, excepté que le vert du dessus du corps est changé en violet.

(¹) La *Callidea festiva* Germ. (*Zeitschr.* 120. n°. 19) que M. Dallas croit une var. du *Senator*, est une espèce bien distincte, très-voisine de notre *C. gloriosa*, qu'on trouvera décrite plus loin.

La patrie de cette espèce est assez étendue. Le type nous fut envoyé de Sumatra, d'Amboine, de Célébes et de Gilolo, les trois premières variétés proviennent des îles Mellville et les deux autres de Timor. L'epèce semble assez commune à Kajoa, sur la côte occidentale de Halmaheira (*Gilolo*).

16) CALL. DITISSIMA, Voll. (Planche II. fig. 5.)

Ovalis viridis nitens, prothoracis disco viridi-aurato, scutelli punctatissimi plagis duabus aureis.
Long. 11 *mm.*
Hab. Ambon.

Forme et stature du précédent. Tête bombée d'un vert bleuâtre. Yeux et ocelles d'un brun clair. Antennes noires à premier article jaune; troisième double du second. Lèvre brune, bec noir atteignant le milieu du second anneau ventral. Prothorax divisé par un sillon peu profond en deux parties, dont la première d'un vert bleuâtre, la postérieure d'un vert doré. Élytres d'un brun teinté de violet. Écusson fortement ponctué, excepté sur le bourrelet, à points très-profonds le long de la moitié basale du bord latéral, coupé presque droit à l'apex. Le bourrelet et une ligne longitudinale qui en descend vers la ligne médiane, d'un bleu foncé; marge et apex verts. Le reste forme deux grandes taches en ovale allongé, dont la couleur est un rouge doré éclatant. Dessous du corps vert brillant; un liséré jaune de chaque côté au bord de l'abdomen; celui-ci pubescent, plaque anale d'un vert doré. Hanches et cuisses jaunes, jambes vertes, pubescentes, tarses bruns.

Le Musée possède un seul individu mâle, trouvé à Amboine par le Docteur Forsten.

17) CALL. FASTUOSA, Voll. (Planche II. fig. 6.)

Viridi-aurata, prothoracis basi et scutelli punctatissimi apice emarginato obscurioribus, abdominis margine angusto cum femoribus flavis.
Long. 12 *mm.*
Hab. Ternate.

Cette espèce est très-voisine de la précédente et ne diffère que par les caractères suivants. La partie postérieure du prothorax est la plus foncée en couleur et non la partie antérieure. L'écusson est d'un vert doré, qui devient plus éclatant vers le bourrelet, tandis que l'apex est vert-bleuâtre. Le bec ne dépasse presque pas les dernières hanches, sa couleur est d'un brun clair. En tout le reste les deux espèces sont semblables.

Un individu a l'écusson d'un doré plus rouge que les autres et sur la base du prothorax une large bande noire.

Le Musée ne possède que des mâles, que M. Forsten prit dans l'île de Ternate.

18) CALL. SCHWANERI, Voll. (Planche II. fig. 7.)

Thoracis lateribus dilatatis, viridis vel aurata, scutelli macula anali nigra, subtus obscure violacea aut nigra.

Long. 11 *s.* 12 *mm.*

Hab. Borneo.

Cette espèce fait le passage naturel de la précédente à l'*Eques*, son type se rapprochant de l'une, sa variété fortement tachée de l'autre.

Tête aplatie, lisse, verte, à bordure des yeux bleue; ceux-ci et ocelles bruns. Antennes noires, très-pubescentes; leur second article un cinquième de la longueur du suivant. Prothorax peu ponctué, si ce n'est aux angles antérieurs; bords latéraux très-dilatés verts ou bleus, disque doré. Écusson très-bombé sans bourrelet, très-ponctué, principalement près des angles antérieurs, un peu aplati à l'apex; sa couleur est d'un vert ou rouge doré; à son extrémité on voit une tache noire, plus ou moins grande. Dessous violet foncé, milieu du ventre noir, ainsi que les tarses; ou bien vert à grande plage discale et petites taches marginales noires.

Variétés:

1. A taches noires sur les angles latéraux du prothorax.

2. En outre une tache noire se présente au bord antérieur du prothorax.

3. Une tache en forme de T ou deux lineoles sur le disque de l'écusson.

4. Sept taches peu distinctes sur le prothorax, écusson a lineole médiane, deux taches latérales et une anale.

5. A cinq taches assez distinctes sur le prothorax, et cinq plus grandes sur l'écusson.

Toutes ces variétés, aussi bien que le type, ont été envoyées de Borneo par M. le Docteur Schwaner.

19) CALL. EQUES F.

Fabr., *Ent. Syst.* IV. 79, 2. *Syst. Rh.* 131, 13. Burm., *Handb. d. Ent.* II. p. 394. n°. 1. Germ., *Zeitschr.* I. p. 112. n°. 1.

Viridi- seu coeruleo-aenea, thoracis marginibus dilatatis, maculis sex, scutelli octo, autennis et abdominis disco nigris.

Long. 11—13 *mm.*

Hab. Sumatra, Borneo, Banca.

Verte, vert-bleuâtre, vert doré ou bleu-violet en dessus. Tête lisse, quelque peu rugueuse aux bords, au front un enfoncement médian peu profond. Bords latéraux sinueux. Souvent une tache noire au milieu. Yeux protubérants bruns; ocelles jaunes. Antennes noires à premier article souvent bleu ou violet, longues, dilatées et pubescentes chez le mâle, chez qui le second article est presque oblitéré, tandis que chez la femelle il a la longueur d'un quatrième du suivant. Lèvre supérieure jaune à la base, bec dépassant peu la base de l'abdomen. Prothorax dilaté et aplati aux bords latéraux, assez bombé à sa partie postérieure, lisse, offrant une ligne médiane, souvent interrompue, et de chaque coté trois ou quatre taches, noires. Écusson très-ponctué, excepté à sa base et sur une ligne médiane, ne dépassant pas de beaucoup le milieu; il offre sur un fond de couleur égale à celle du prothorax huit taches noires dont une discale et médiane en forme de signe du bélier, Y, une anale rhomboïdale et les autres rondes. Dessous de la tête, poitrine et pattes verts ou bleus; ventre noir à large bordure verte ou bleue, dans laquelle de petites taches noires entourant les stigmates.

Cette espèce varie en ce que les taches du prothorax s'isolent ou s'unissent.

20) CALL. SUMATRANA, Voll. (Planche II. fig. 9.)

Viridis, nitens, thoracis marginibus dilatatis maculis decem, scutelli octo nigris, abdominis macula parva aurantiaca, femorum basi flava.

Long. 8—10 *mm.*

Hab. Sumatra.

Cette espèce diffère de la précédente et de la suivante par sa grandeur moindre, et par la coloration du ventre. On pourrait peut-être la subjoindre à la *Dilaticollis* comme une variété locale, mais je crois qu'il vaut mieux à cette heure la distinguer comme espèce intermédiaire entres ses voisines.

Couleur du corps vert bleuâtre, même forme que la précédente. Tête à ligne médiane noire, dilatée dans son milieu; antennes pareilles à celles de l'*Eques.* Prothorax assez ponctué, particulièrement et fortement au bord antérieur, offrant dix taches noires, trois rapprochées du bord antérieur, dont celle qui se trouve au milieu triangulaire, les deux autres ovales; deux petites près des angles latéraux, ayant une autre tache plus grande à leur coté intérieur; enfin une tache en trapèze et deux latérales semi-ovales appuyées sur la base. Position des taches sur l'écusson comme chez le précédent, excepté que la tache anale joint l'extrémité. Dessous du corps bleu ou vert taché de noir; sur le troisième et quatrième anneau de l'abdomen l'on voit deux taches orangées en lunules superposées, qui s'unissent quelquefois pour faire une seule tache à quatre rayons. Pattes vertes, bleues ou noires; hanches et base des cuisses plus ou moins jaunes.

Cette espèce ne semble se trouver que dans l'île de Sumatra. Nous la devons aux recherches laborieuses de M. Ludeking, Officier de santé dans l'armée Indo-Néerlandaise.

21) CALL. DILATICOLLIS, Guér. (Planche II. fig. 8.)

Guérin, *Zool. Voyage de la Coquille,* II. 164. Hahn, *Wanz. Ins.* II. p. 39. pl. 44. fig. 136 (*Stollii*). Hope, *Catal.* 15 (*abdominalis*). Germ., *Zeitschr.* I. p. 112. n°. 2 (*abdominalis*). Amyot et Serv., *Hémipt.* 34 (*Stockerus*).

Viridis sive coerulea nitens, thoracis marginibus dilatatis maculis octo sive decem, scutelli octo nigris, abdomine fulvo, maculis basali et apicali nigris, lateribus aureis nigro-maculatis, femoribus flavis.

Long. 12 *s.* 13 *mm.*

Hab. Java, Timor, Ambon, — Bengalia secundum Westermann.

Un peu plus grande que la précédente à laquelle elle ressemble en tout point, excepté la coloration du ventre et des pattes. Le ventre est d'un beau jaune orangé vif, avec une tache carrée noire à la base, et l'anus noir bleuâtre ou verdâtre. Le jaune est denté de chaque côté et ses dentelures sont remplies par du noir; à l'entour s'étend une bordure verte, bleue ou dorée dans laquelle l'on aperçoit les stigmates, entourées d'un petit cercle noir. Hanches et cuisses d'un jaune souvent orangé, genoux et pattes d'un vert ou bleu métallique, tarses noirs.

Variétés:

Chez quelques individus la ligne noire céphalique manque, chez d'autres quelque taches du prothorax se trouvent soudées, chez d'autres encore la grande tache médiane antérieure de l'écusson, qui normalement est triangulaire à échancrures sur les côtés, se trouve traversée par un trait vert au milieu, qui la partage en deux rectangles. Un seul individu, provenant du Bengale, est tout-à-fait noir en dessus, violet et orange en dessous.

Je crois cette espèce assez commune à Java; le Musée possède en outre deux individus de Timor. Labillardière l'a rapportée d'Amboine.

22) CALL. MODESTA, Voll.

Obscure purpurea thorace dilatato, illius angulis et scutelli maculis octo obscuriori-bus, subtus violacea, pedum basi ventreque rufis.

Long. 10 *mm.*

Hab. Sumatra.

Je ne décrirais pas cette espèce sur un unique individu mutilé, se elle ne me semblât trop distincte de toutes les autres pour la passer sous silence. L'individu en question est un mâle, envoyé de Sumatra par M. Ludeking.

Tête inclinée, plate à bords tranchants largement sinués, lisse, de couleur pourpre très-obscure. Yeux très-protubérants d'un brun clair, ocelles jaunes. Premier article des antennes d'un brun rouge, second presque imperceptible, les suivants dilatés, pubescents, noirs. Lèvre supérieure pâle; bec brun, atteignant le second anneau ventral. Prothorax bombé, à bords latéraux fortement dilatés et applatis, offrant une impression transversale qui touche en se courbant le bord antérieur; ponctuation éparse, seulement visible au moyen d'une forte loupe. Couleur purpurine un peu plus claire que celle de la tête, excepté aux angles antérieurs, ou elle devient couleur lie de vin. Écusson ponctué assez fortement, surtout aux bords, à bourrelet lisse, et taches brunes, conformées et posées comme chez la *Dilaticollis.* Tête en dessous et poitrine violettes, la couleur passant au rouge près des pattes, dont les hanches sont rouges. Cette dernière couleur est aussi celle de l'abdomen, où elle est un peu plus foncée vers le bord.

23) CALL. CHRYSOPRASINA, Herr. Schaeff.

Herrich Schaeffer, *Wanz. Ins.* III. p. 103. pl. 106. fig. 328. Germar, *Zeitschr.* 1. p. 116. n°. 9. Guérin, *Zool. Voy. de la Coquille*, II. p. 163 (*aurata*). Hope, *Catal. Hémipt.* 15.

Viridi-aurata, thoracis lateribus marginatis, maculis octo, scutelli septem et apicis margine nigris, abdomine flavo, macula basali strigis lateralibus anoque coeruleis aut nigris.

Long. 15 *mm.*

Hab. Java et Bali.

Plus grande que la précédente à bords latéraux du corselet non dilatés, mais seulement finement relevés. La tête est plate, quelque peu ridée, verte à ligne médiane noire, quelquefois accompagnée de deux points noirs. Les antennes sont noires, leur second article chez le mâle $\frac{1}{8}$, chez la femelle $\frac{1}{4}$ de la longueur du troisième. Yeux assez grands d'un brun jaunâtre; ocelles enfoncés dans la tête, jaunes. Prothorax ponctué à l'exception d'une bande lisse transversale à peu de distance du bord antérieur; on y remarque 8 taches noires, posées en deux lignes, 3, 5. Les trois antérieures et les deux latérales de la seconde ligne sont plus petites. Écusson fortement ponctué, particulièrement aux cotés près de l'angle antérieur, à petites égratignures près de l'apex et à bourrelet lisse, peu bombé. On y remarque sept taches noires, trois de chaque côté ovales, et une triangulaire au milieu; en outre l'apex est bordé de noir verdâtre. Le dessous du thorax est d'un beau vert-bleu, à reflets métalliques très-brillants, avec quelques petites lignes jaunes à la suture des segments. Le dessous de l'abdomen est jaune, avec une large tache carrée, occupant le milieu des deux premiers segments, d'un noir bleuâtre. Le dernier segment et l'anus sont d'un noir bleuâtre ou bleus. Les cotés de l'abdomen sont ornés de quatre grandes taches bleues, réunies en forme de bande.

M. le Docteur Muller envoya quelques individus de Java; entre ceux-ci il y en a un, remarquable par sa couleur d'un bleu foncé. Le Musée doit les individus de Bali à l'obligeance de M. le Docteur Bleeker.

24) **CALL. GIBBOSA**, Voll. (Planche II. fig. 10.)

Exemplar monstrosum Guérin, *Zool. Voy. de la Coquille*, II. p. 163 (*Scut. excavata*).

Oblonga, angusta, viridis sive violacea nitens, scutelli basi gibbosa, maculis octo, thoracis decem nigris, ventris macula media nunc parva tunc magna flava aut aurantiaca, pedum basi flava.

Long. 15 *mm.*

Hab. Java.

Le nom que M. Guérin Méneville a proposé pour cette espèce, ne peut lui rester, parce qu'il est relatif à certaine difformation du thorax, qui premièrement n'affecte que peu d'individus et en second lieu se retrouve chez plusieurs autres espèces, entr'autres chez la *Schlegelii* et la *Quadrimaculata*. L'espèce se fait principalement reconnaître entre ses voisines par l'enflure du bourrelet de l'écusson, qui bien ne très élevé ne se prolonge que très-peu en arrière.

Couleur générale d'un vert doré brillant ou bien d'un violet foncé. Tête plate et lisse, quelquefois à ligne longitudinale noire. Yeux et ocelles jaunes; les premiers saillants, les seconds enfoncés. Antennes pubescentes noires, leur second article chez le mâle $\frac{1}{10}$, chez la femelle $\frac{1}{5}$ du troisième. Prothorax à bords latéraux finement rebordés non dilatés, enflé à sa base, vaguement ponctué, à dix taches noires, posées comme chez la

Dilaticollis et *Sumatrana*. Écusson allongé, lisse sur le bourrelet, ponctué vaguement sur le disque, fortement près des angles antérieurs, souvent rugueux à l'apex; il a trois taches de chaque côté: les deux premières sont de moitié plus petites, rondes; les suivantes sont aussi rondes, mais très-grandes; les dernières sont ovales, placées transversalement. Derrière celles-ci et près de l'extrémité, il y en a une autre ovale et transversale, plus petite; enfin au milieu et près de la base on en voit une assez grande, de forme triangulaire et prolongée en arrière. En dessous la tête et le thorax sont d'une belle couleur bleue, verte ou violette. Le labre est jaune, le bec noir, atteignant le second segment de l'abdomen. Les hanches et la base des cuisses sont jaunes, les extrémités des cuisses, les jambes et les tarses verts ou bleus. L'abdomen est chez certains individus rouge ou orangé, avec une tache basale, une anale et de petites taches stigmatales d'un noir violet; chez d'autres le rouge se change en jaune et se rétrécit jusques à n'être plus qu'une simple tache discale.

Le Muséum possède plusieurs individus, tous provenant de Java. — M. Maitland nous a offert une variété à couleur violette, tellement foncée que l'on ne distingue qu'à peine les taches noires.

25) CALL. PURPUREA, Hope.

Hope, *Catal. Hém.* p. 15. Germar, *Zeitschr.* I. 115. n°. 8. Guérin, *Voyage de la Coq. Zool.* II. p. 159 (*Stockerus*).

Coeruleo-purpurea, thorace maculis quinque, scutello septem nigris, corpore subtus luteo, purpureo-marginato, stigmatibus nigris, femoribus luteis, apice tibiisque purpureis, tarsis nigris.

Long. 15 *mm.*

Hab. in India Orientali (Malacca? Sumatra?).

Je laisse à d'autres à décider, si cette espèce soit celle mentionnée par Fabricius sous le nom de *Stockerus*, nom qui doit rester à l'espèce Linnéenne. J'aurais grande envie de changer le nom de *Purpurea*, qui ne peut qu'induire en erreur si la plupart des individus sont d'un bleu foncé, comme ceux du Muséum de Leide. Naturellement je ne puis décrire que ceux-ci, et bien qu'à l'instar de Germar je dise dans ma diagnose la couleur coeruleo-purpurea, dans ma description je la nommerai bleu foncé. Telle est donc la couleur du corps en dessus. Tête quelque peu bombée et ridée transversalement, yeux noirâtres, ocelles d'un brun jaune. Antennes noires; leur premier article bleu, orangé à la base; second article un quart de la longueur du troisième chez la femelle. Bec à moitié basale jaune, au reste brun, atteignant le second anneau ventral. Prothorax assez élevé, dépourvu de sillon transversal, fortement ponctué, à cinq taches noires, 2 et 3. Écusson, bien plus large que chez l'espèce précédente, fortement ponctué, excepté au bourrelet qui est presque lisse; on y voit six taches noires en deux séries et une autre tache triangulaire médiane; cette dernière disparaît quelquefois, étant alors remplacée par un reflet vert, local. En dessous le corps est jaune ou orangé, à l'exception de la tête et les bords du thorax qui sont violets, du bord de l'abdomen qui est pourpre, et d'une tache basale du ventre ainsi que de petites taches stigmatales, noires. Les pattes sont de couleur orange jusqu'au dernier tiers de la cuisse, le reste est violet à tarses noirs.

Si les trois individus qui représentent l'espèce au Muséum, sont des Indes Néerlandaises, je les suppose originaires de l'île de Sumatra.

26) CALL. LATERALIS, Guér. (Planche II. fig. 11.)

Guérin, *Zool. du Voyage de la Coquille*, II. 160.

Parva, lata, viridi coerulea, thoracis scutelloque maculis numerosis nigris, abdominis margine laterali sanguineo.
Long. 9 s. 10 mm.
Hab. Sumatra (Java, secundum Guérin).

Cette espèce se distingue aisément des autres par sa forme courte et trapue, par le nombre de ses taches noires et par la bordure rouge de sang de son abdomen. Tête obtuse, arrondie au bout, très ponctuée, d'un bleu verdâtre, changeant en bleu indigo sur l'occiput. Les antennes sont noires; leur troisième article deux fois plus grand que le second. Bec noir, ne dépassant point les hanches de la troisième paire. Prothorax sans sillon transversal, très-bombé et très-large en arrière, ponctué sur les côtés et sur deux lignes transversales; il a, en avant, deux taches noires oblongues, placées transversalement et se dirigeant un peu obliquement vers l'extrémité d'une ligne médiane et longitudinale dont l'extrémité atteint leur hauteur et qui va se terminer au bord postérieur. De chaque côté de cette ligne l'on voit trois taches allongées, obliques, n'atteignant pas le bord postérieur. Écusson large à bourrelet lisse, assez élevé, à ponctuation grossière sur les bords latéraux, plus régulière et plus fine sur le disque. On lui voit jusqu'à 15 taches, qui se joignent quelquefois; cinq au bord antérieur, dont les latérales obliques; quatre vers le milieu, dont les deux intermédiaires beaucoup plus grandes; trois en arrière de celles-ci, disposées en bande transversale, deux encore plus en arrière, enfin souvent une très-petite tache transverse à l'extrémité postérieure. Dessous du corps d'un vert plus jaunâtre et plus brillant. De chaque côté de l'abdomen, l'on voit une assez large bordure couleur de sang, descendant jusqu'a la plaque anale; cette bordure est dentelée à cause de cinq petites taches noires, entourant les stigmates, qui y font irruption et desquelles partent des traits noirs, radiants vers le disque. Pattes vertes, tarses noirs. Élytres brunes à marge violette.

M. Ludeking nous procura quelques individus de Sumatra. Je doute que les individus, décrits par M. Guérin-Méneville, aient été pris à Java et j'aime à croire que de même ils étaient originaires de Sumatra.

27) CALL. OBTUSA, Hope.

Hope, *Catal. Hém.* p. 16. Germar, *Zeitschr.* I. p. 119. n°. 16.

Aureo-viridis, thorace maculis duabus anticis, linea dorsali alterisque quatuor obli-

quis, scutello 11 *nigris, corpore subtus pedibusque nigris, aureo tincto, margine abdominis fulvo stigmatibus nigris* (Hope).

Long. 4½ *Lin.*

Hab. Java.

Hope dit encore de cette espèce (que je ne connais pas en nature) qu'elle est plus large que la *Bengalensis, aurifera, marginella* (Hope). Germar ne l'a pas connue et se contente de reproduire la diagnose, comme je le fais. Il me semble assez vraisemblable qu'elle soit une variété de la précédente.

28) CALL. BILUNULATA, Voll. (Planche III. fig. 1.)

Elongata, supra viridi-coerulea, thoracis maculis octo, scutelli septem nigris, subtus coerulea, lunulis duabus discalibus aurantiacis.

Long. 14 *mm.*

Hab. Sumatra.

Cette espèce se fait reconnaître à sa forme allongée et étroite, quoique assez bombée. Tête fortement inclinée à bords latéraux tranchants, bleue avec un reflet vert au milieu et une ligne longitudinale noire. Yeux gros, saillants, noirs; ocelles jaunâtres. Premier et second article des antennes cylindriques, bleus, lisses; les suivants aplatis, creusés en gouttière et pubescens, d'un noir brunâtre. Prothorax sans sillon transversal, bleu luisant, ponctué à l'exception d'une bande verte transversale, sur laquelle se trouvent rangées trois taches noires; en arrière de celles-ci on en voit cinq autres, dont la médiane assez grande et les deux latérales très-petites. Écusson lisse au bourrelet, ponctué grossièrement aux bords latéraux, finement sur le disque et un peu rugueux à l'extrémité; il offre sept taches noires, dont la médiane triangulaire, les autres ovales; l'extrémité offre en outre de chaque côté un trait d'un bleu très-foncé. En dessous le labre et les hanches sont jaunes; le bec noir atteint presque le second anneau ventral; la tête, le thorax et la presque totalité de l'abdomen est d'un bleu violet très-luisant. Ce dernier est noir au milieu du disque et à l'entour des stigmates; le 8ᵐᵉ et 4ᵐᵒ anneau offrent chacun dans leur milieu une lunule renversée de couleur orangée. Les pattes sont d'un noir bleuâtre.

Décrit sur un unique individu mâle, envoyé de Sumatra par M. Müller.

29) CALL. HYPOMELAENA, Voll. (Planche III. fig. 2.)

Elongata, supra iridescens colore purpureo, viridi et aurato, thoracis maculis septem, scutelli quinque et apice obscurioribus, subtus violacea, abdominis disco nigro ♀.

Long. 12 *mm.*

Hab. Borneo.

Un peu plus raccourcie et plus large que la précédente, fort remarquable par sa couleur changeante. Tête de la même forme, d'un violet foncé à ligne longitudinale noire, aboutissant à un petit trait vert. Antennes noires à premier article violet; second article ⅕ de la longueur du troisième. Prothorax conformé et ponctué, comme chez le précédent, à 7 taches noires, deux aux angles antérieurs, deux petites aux angles extérieurs et trois à la base, dont l'intermédiaire assez grande, les latérales très-petites. La couleur du prothorax et de l'écusson change par la position de l'insecte relativement à la lumière; tantôt c'est un violet à reflets pourpres, tantôt c'est un bleu ou vert à reflets dorés. De même la couleur des taches se change de noir en brun bronzé. Écusson à bourrelet lisse luisant et à cinq taches, une médiane triangulaire et quatre en ovale oblong posées par paires, derrière la première. En outre l'extrémité offre une marge noire. En dessous le corps est d'un beau violet foncé, luisant; la lèvre supérieure et les hanches sont jaunes; les pattes d'un noir violet. L'abdomen, dont le disque est noir, offre à son bord une teinte empourprée.

Ce bel insecte se trouve dans les envois que fit M. le Docteur Müller, lorsqu'il parcourut Borneo.

30) CALL. HYPHERYTHRA, Voll. (Planche III. fig. 3.)

Oblonga, aurata, colore purpureo iridescens, thoracis maculis octo, scutelli septem et apice fuscis, pectore violaceo, ventre aurantiaco, purpureo-marginato, nigro-maculato ♂.

Long. 13 mm.

Hab. Borneo.

De la même forme que la précédente, seulement un peu plus grande de stature; la ponctuation est aussi la même. Tête violette à reflets bleus, sillons bordant le lobe médian prolongés jusqu'à l'occiput; ce lobe noir à la base, ver brillant au bout. Yeux gros, bruns; ocelles jaunes. Antennes noires, leur second article $\frac{1}{10}$ du troisième, les deux derniers peu aplatis et sillonnés. Bec jaune à la base, ensuite noir, atteignant le second anneau ventral. Couleur du prothorax et de l'écusson d'un vert doré très brillant, passant au pourpre vineux par irisation. Au prothorax l'on remarque huit taches brunes, savoir, quatre très-petites aux angles antérieurs et latéraux, une en losange au milieu du bord antérieur et trois larges taches ovales, contigues, non loin du bord postérieur. Écusson à sept taches et marge apicale brunes. Quatre taches, dont les deux premières plus petites, sont posées en carré et au milieu d'elles une tache en forme de coeur; derrière celles-ci deux grandes taches semi-ovales, qui ne sont séparées que par un mince trait longitudinal doré. En dessous: tête violette, poitrine violette à taches et raies vertes et rouges. Ventre d'un rouge quelque peu orangé, à bordure pourpre; une tache basale, au milieu du premier et second segment; milieu du cinquième et plaque anale d'un vert bronzé. Des enfoncements autour des stigmates de couleur noir-violette et sur chaque segment, en ligne oblique au dessus de ceux-ci, un trait noir. Les hanches et la moitié des cuisses sont rouges; l'autre moitié, les jambes et tarses d'un vert métallique foncé.

Cette Callidea se trouvait dans le même envoi de Borneo. Se pourrait-il que ces deux individus fussent les deux sexes d'une même espèce? J'hésite à le croire.

31) CALL. BOSSCHEI, Voll. (Planche III. fig. 4.)

Oblonga, violacea, thoracis maculis octo, scutelli obscure purpurei septem nigris, abdominis margine purpureo et plaga discali aurantiaca ♂.

Long. 12 *mm.*

Hab. Banca.

Voisine de la précédente, de même forme et ponctuation, seulement un peu plus petite. Tête violette à ligne médiane et partie postérieure noires. Yeux saillants d'un brun clair, ocelles assez gros, jaunes. Premier article des antennes violet, les suivants noirs; second article $\frac{1}{10}$ du troisième; les trois derniers larges, aplatis et pubescents. Lèvre supérieure blanchâtre, bec noir, atteignant le milieu du premier anneau. Prothorax violet à liséré pourpre le long des bords latéraux et reflet vert au milieu du bord antérieur. Les huit taches du thorax ont la même forme et la même position que chez la *Hypherythra*. La couleur de l'écusson est un pourpre très-violet à reflet bleu, la partie antérieure du bourrelet est noire, l'autre moitié d'un pourpre moins obscur que le disque. Les sept taches noires sont placées comme chez la précédente. L'apex de l'écusson est rougeâtre. En dessous la tête et le thorax sont violets, avec des taches et des stries blanches; les hanches ont cette dernière couleur. Les pattes sont noires à genoux et jambes violets. Ventre noir, à mince bordure pourpre, suivie vers l'intérieur d'une bande stigmatale noire à reflets violets. Le premier et le second anneaux offrent de chaque côté une tache triangulaire orangée, le 3me et 4me sont tout-à-fait de couleur orange au milieu.

Un seul individu nous fut envoyé de Banca, par M. van den Bossche, alors résident de Banca et Biliton, maintenant gouverneur de la côte occidentale de Sumatra, à qui je la dédie en témoignage de gratitude et de respect.

32) CALL. GLORIOSA, Voll. (Planche III. fig. 5.)

Supra viridis, thoracis fasciis duabus, scutelli maculis quatuor subquadratis apiceque nigris, subtus violacea ventris disco anoque viridi, coxis et femoribus flavis.

Long. 9 *mm.*

Hab. Java.

Voici une jolie petite espèce qui ne trouve d'analogue que dans la *Call. festiva* Germ., laquelle n'est à coup sûr pas une variété du *Senator*, comme le veut le catalogue du *British Museum*. Ce qu'il y a de remarquable c'est que voilà déja plus de vingt ans, que deux individus de cette espèce furent envoyés de Java par MM. Kuhl et van Hasselt, et que depuis on n'en a plus reçu d'autres, d'où je conclus que la *Gloriosa* est une espèce bien locale.

Petite, ovale, peu bombée, excepté à la tête qui est d'un vert bleuâtre à raie noire longitudinale, raccourcie sur l'occiput et sur le front. Yeux bruns, ocelles petits, jaunes. Premier article des antennes jaune à extrémité noire, second noir à base jaune, troisième et suivants noirs; le troisième n'a que deux fois la longueur du second. Bec jaune, à moitié postérieure noire, atteignant le deuxième anneau de l'abdomen. Prothorax à sillon peu profond, ponctué principalement au bord antérieur en deça du sillon. Sa couleur générale est verte, mais il est traversé par deux bandes noires, dont la seconde est la plus large, et qui ne touchent point les bords; angles antérieurs bleus. Écusson vert, quelque peu doré sur le bourrelet, légèrement ponctué; quatre grandes taches subquadrangulaires, noires, posées par paires; extrémité noire. En dessous le corps est violet à taches irrégulières bleues. Disque du ventre et anus verts. L'abdomen et les jambes sont pubescentes. Hanches, trochanters et cuisses jaunes; un point violet aux genoux; jambes et tarses d'un noir bleuâtre.

Le Musée ne possède que deux exemplaires, un de chaque sexe, qui ne diffèrent extérieurement que par la grandeur. — J'ai laissé à cette espèce le nom que M. de Haan lui a imposé, quoique je ne comprenne point pour quelle raison un insecte de couleurs si peu brillantes doive être nommé *Gloriosus* ([1]).

GENRE VIII. **CHOEROCORIS**, Dall.

Corps ovale assez large, à ventre enflé. Lobes de la tête d'égale longueur; ses bords latéraux sinueux. Premier article du bec le plus court, le second le plus long. Antennes de cinq articles; le second plus court, le troisième un peu plus grand que le premier, quatrième et cinquième à peu près égaux, les plus grands. Abdomen sans sillon ventral, débordant l'écusson de chaque côté. Pattes peu robustes.

1) CHOEROC. PAGANUS F.

Fabr., *Syst. Rhyng.* 134, 29. Guérin, *Zool. du Voy. de la Coq.* II. 156. *Atl.* pl. 11. fig. 5 (*bonne figure*). Boisd., *Voyage de l'Astrolabe*, II. 625, 3. pl. 11. fig. 4 (*figure mauvaise*). Germar, *Zeitschr.* I. p. 122. n°. 24. Amyot et Serv., *Hémipt.* p. 47.

Coeruleo- aut viridi-fuscus, linea thoracis, scutelli lateribus, fascia media, apice, nec non abdomine rufo.

Long. 10 *mm.*

Hab. Nova Hollandia et Java.

La tête, quelque peu rebordée, est assez large, fortement ponctuée, ordinairement de couleur vert-bronzé. Yeux saillants d'un brun clair; ocelles petits, jaunes, rappro-

---

([1]) Pour rendre cette monographie aussi complète que possible, je donnerai encore la courte description d'une nouvelle espèce de *Callidea*, dont la patrie est l'île Luçon et qu'on pourrait bien quelque jour rencontrer aussi dans les Indes Hollandaises.

CALLIDEA CONSUL, Voll.

Coeruleo-viridis, thoracis maculis tribus, scutelli sex nigris, abdominis purpurei basi apiceque viridi-aureis.

Long. 11—13 *mm.*

Hab. Manilla.

De la même forme que l'*Hypomelaena*. Tête lisse, verte à ligne longitudinale noire. Prothorax sans sillon transversal, lisse à l'exception d'un enfoncement transversal ponctué au bord antérieur; d'un vert bleuâtre à bords bleus et trois taches ovales noires, posées en bande sur la moitié postérieure. Écusson ponctué, à bourrelet et extrémité lisses; on y remarque six taches noires, une en coeur derrière le bourrelet, deux de chaque côté non loin du bord et la sixième près de l'extrémité, rondes. Dessous de la tête et du thorax bleu à taches irrégulières violettes et vertes; ventre d'un rouge pourpre à reflet tantôt doré, tantôt bleu de ciel; une tache basale et une autre anale d'un vert doré. Pattes d'un bleu très-foncé.

chés des derniers. Antennes d'un noir bleuâtre, aussi longues que la tête et le thorax. Bec noir ne dépassant pas le métathorax. Prothorax large, assez bombé, ayant une ligne de points enfoncés sur la nuque et une autre à son milieu; ces points assez gros et très-irréguliers. Sa couleur est un brun, bronzé, verdâtre ou violet; chez plusieurs individus un trait rouge se trouve sur la ligne médiane. Écusson comme criblé de gros points enfoncés, irrégulièrement repartis, à l'exception de la base qui est lisse. Il est d'un beau rouge vermillon, avec une large tache bleue au milieu de la base, et une autre tache bleue transverse, sinuée en avant, profondément échancrée au milieu et en arrière, située sur le tiers postérieur. Cette dernière tache est souvent divisée en deux par une ligne longitudinale rouge; chez d'autres individus les deux taches bleues se joignent sur le disque. Le dessous de la tête et du thorax est bleu, avec du rouge sur les jointures. L'abdomen grossièrement ponctué, est bleu avec deux lignes de taches noir-bronzées sur les côtés, et deux rangées de taches noires oblongues au milieu; ces dernières sont sujettes à s'effacer. Les pattes sont d'un noir bleuâtre.

Le Muséum ne possède qu'un individu unique de Java, provenant selon l'étiquette du voyage de M. le Docteur Müller. Cet exemplaire est violet et rouge; l'écusson ne présente qu'une seule, mais fort grande tache violette, profondément entaillée des deux côtés. Le ventre présente huit taches oblongues noires au milieu, suivies d'une large tache ronde anale (¹).

GENRE IX. **HOTEA**, Amyot et Serv.

Corps assez court et ramassé, bombé en dessus. Tête en forme de rostre, en cône presque cylindrique, et inclinée. Yeux globuleux; ocelles assez rapprochés des yeux. Antennes presque aussi longues que la moitié du corps, de cinq articles; le 1ᵉʳ et le 2ⁿᵈ courts, égaux, le 3ᵐᵉ beaucoup plus long, le 4ᵐᵉ de moitié plus petit et le 5ᵐᵉ bien plus long que le 4ᵐᵉ et le plus gros de tous. Bec atteignant la base de l'abdomen. Prothorax ayant ses angles latéraux aigus, inclinés en bas et dirigés en avant. Présternum se prolongeant sur la base des antennes en une lame assez grande. Écusson court, arrondi en arrière. Pattes assez fortes à jambes pubescentes; celles de la troisième paire plus longues que les autres.

1) HOTEA CURCULIONOIDES, Herr. Schaeff.

Herrich Schaeffer, *Wanz. Ins.* III. 106. tab. 107. fig. 331. Germar, *Zeitschr*. I. 106. n°. 49.

Var.: (*punctulata*) Germ., *Zeitschr*. I. 105. n°. 48.

(¹) Si l'on s'en tient au *Paganus* le genre *Choerocoris* de M. Dallas doit certainement être admis; mais si on lui compare le *Choerocoris ruflabris* Germ., on commence à trouver le genre moins naturel, cette dernière espèce ayant l'abdomen très-peu renflé, ne dépassant presque pas les bords de l'écusson et ayant toute la ponctuation et tout l'habitus d'une *Callidea*.

Ochracea, opaca, punctis numerosis fuscis adspersa, fronte, thoracis et abdominis lateribus flavis, capite subtus nigro.

Long. 8 s. 9 *mm.*

Hab. Java, Sumatra, Timor, Celebes, Amboina et Ternate.

De couleur d'argile ou ochracée, ponctué d'une infinité de points enfoncés, qui sont bruns ou noirs, excepté sur le sommet de la tête et les bords antérieurs du prothorax ou la couleur est plus jaune. La tête est noire en dessous à l'exception des bords du canal dans lequel le bec est logé. Les yeux et ocelles sont d'un jaune grisâtre; ces derniers très-petits. Les deux premiers articles des antennes sont jaunes, les deux suivants brunâtres, le dernier brun. Les pattes sont plus ponctuées encore que le corps, les jambes rougeâtres.

Cette espèce varie fortement quant à la couleur plus ou moins brune et la ponctuation plus ou moins forte et noire. Une variété très-foncée à été décrite par Germar sous le nom de *punctulata.* Chez ces individus l'on remarque sur la tête et le corselet trois lignes longitudinales moins ponctuées et partant plus claires, ainsi qu'une bande transversale en zigzag sur l'écusson; de la pointe la plus avancée de cette bande partent en rayonnant trois autres lignes claires qui touchent les bords.

Il paraît que cette *Hotea* se rencontre sur plusieurs îles de l'archipel de la Sonde et des Moluques. L'individu le plus clair en couleur est de Java, le plus foncé est d'Amboine.

2) HOTEA FUSCA, Voll.

Fusca nigro punctatissima, scutelli basi elevata, antennarum articulis tribus primis dilutioribus. ‘

Long. 8 *mm.*

Hab. Java.

Cette espèce, très-voisine de la précédente, est un peu plus trapue et se distingue principalement par la présence d'un bourrelet à la base de l'écusson. La couleur générale du dessus, comme du dessous du corps et des pattes est un brun terreux obscur, semé de mille petits points enfoncés noirs. La tête est moins allongée et plus inclinée, que chez la *Curculionoides.* Les trois premiers articles des antennes sont d'un brun clair, les deux suivants offrent la même couleur que le corps. Les deux premiers articles des tarses de la troisième paire de pattes sont aussi un peu plus clairs en couleur.

Je n'ai vu qu'un seul individu, provenant de Java.

GROUPE DES EURYGASTRIDES.

GENRE X. **EURYGASTER**, Laport.

Tête large, triangulaire, peu inclinée, aplatie en dessus, à bords tranchants; son extrémité antérieure échancrée par la réunion des lobes latéraux au delà du lobe médian frontal. Yeux petits, ocelles placés plus près des yeux que l'un de l'autre. Antennes insérées sous un rebord lamelliforme du présternum, moins longues que la moitié du corps, à cinq articles; 1er, 2^{ed} et 4me article égaux en longueur, le 3me plus court, le 5me plus long et plus gros. Bec atteignant l'apex des antennes, lorsque celles-ci sont étendues entre les pattes. Prothorax très-peu bombé à bords tranchants et angles arrondis. Écusson presque plat, caréné au milieu, laissant de beaucoup déborder les élytres et l'abdomen. Celui-ci à ventre presque plat et à bords aplatis et tranchants. Pattes de grandeur moyenne.

1) EURYG. COSTATUS F.

Fabr., *Ent. Syst.* IV. 87, 28. *Syst. Rhyng.* 135, 34. Germ., *Zeitschr.* I. p. 74. n°. 4.

Griseus, alarum costa pedibusque rufis (Fabr.).
Long. . . .?
Hab. Insula Rotterdam.
Très-voisine du *Euryg. maurus*. Antennes grises. Tête grise à bord jaune. Prothorax ochracé, ponctué de points nombreux rouges, à bord lisse. Écusson faiblement caréné, gris avec quelques taches brunes. Élytres jaunes à la base, à bordure rouge aboutissant à un point noir; membrane blanche (*Fabr.*).

Je ne connais point cette espèce en nature; le savant professeur de Kiel la dit originaire de l'île de Rotterdam (¹).

2) EURYG. LIGNEUS, Reinw. *in lit.*

Luteus, parce fusco irroratus, capite subacuminato, scutelli carina parum elevata, abdominis costa subtus nigropunctata.
Long. 13 *mm.*
Hab. Java et Celebes.

(¹) Quelle est cette île de Rotterdam? Si c'est l'île que l'on nomme aujourd'hui Anamoka, située dans l'océan Pacifique, il faudra rayer le *Costatus* de notre Faune. Il se peut toutefois que Fabricius a eu en vue la petite île de Rotterdam dans la baie de Batavia, et c'est pourquoi je cite l'espèce en question, sans pouvoir néanmoins en donner une description.

M. le Professeur Reinwardt qui le premier euvoya des individus de cette espèce en Europe, la distingua du *Hottentottus* et lui donna le nom de *Ligneus*. Les caractères qui les séparent sont assez subtils. La tête du *Ligneus* est un peu plus allongée, sa carène médiane moins élevée et les anneaux du ventre portent aux bords chacun un point noir.

De couleur ochracée en dessus et en dessous; sur le prothorax et l'écusson on aperçoit quelques petites taches noirâtres, éparpillées irrigulièrement. Tête aplatie, en triangle peu allongé; son extrémité échancrée par la réunion des lobes latéraux au dela du lobe médian. Yeux et ocelles petits, jaunes. Tout le corps en dessus à ponctuation serrée, peu profonde; seule la carène de l'écusson est lisse. Celle-ci peu élevée, ne dépassant pas le second tiers de l'écusson. Bec et pattes de la couleur du corps, ainsi que les quatre premiers articles des antennes, le cinquième étant noir. En dessous deux rangées de petits points enfoncés bruns aux angles antérieurs du prothorax; des rangées de cinq à six points noirs sur les cuisses des 4 jambes postérieures; une ou deux taches noires au milieu du cinquième segment ventral et au milieu du bord de chaque anneau une tache de la même couleur.

Le Musée de Leide ne possède que deux individus femelles de cette espèce, l'une de Java, l'autre de Tondano dans l'île de Célébes; cette dernière se distingue par la couleur rougeâtre de sa carène médiane.

GROUPE DES PODOPIDES.

GENRE XI. **PODOPS**, Laport.

Tête presque horizontale, presque quadrangulaire, armée d'une épine de chaque côté en avant des yeux et derrière chaque antenne, dans un plan plus bas que le rebord de la tête. Yeux pédonculés, très-saillants. Ocelles gros, peu éloignés des yeux et placés près du bord du prothorax. Antennes ne dépassant que peu la moitié du corps, de cinq articles; le premier court, assez gros, le second plus mince et à peu-près aussi long, le 3me et 4me aussi minces mais plus longs, égaux entre eux, le 5me le plus long de tous et aussi gros que le premier. Bec ne dépassant pas le métathorax. Prothorax presque deux fois plus large entre les angles latéraux qu'au bord antérieur. Écusson plus étroit que l'abdomen, très-peu bombé, les côtés souvent coupés droit jusque vers le milieu, l'extrémité arrondie. Élytres ayant à découvert la majeure partie de la portion coriace; membrane à cinq nervures longitudinales. Abdomen assez aplati, de forme elliptique. Pattes assez longues, souvent pubescentes.

1) PODOPS OBSCURUS, Dall. (Planche III. fig. 6.)

Dallas, *Catal. of Hémipt. Brit. Mus.* I. p. 52. n°. 4.

Elongatus, supra pallide fuscus, subtus piceus, punctatissimus; thoracis margine antico utrinque spina parva armato, angulis lateralibus emarginatis; tibiis tarsisque pallide brunneis.
Long. 8—9 mm.
Hab. Java et Borneo.

De forme plus allongée que les autres espèces, en dessus d'un brun terreux, en dessous d'un brun de poix, finement ponctué et couvert d'une pubescence grise ou jaunâtre. La tête plutôt petite, que grande, les lobes latéraux à peine plus longs que le lobe médian; l'épine en avant des yeux assez forte. Antennes brunes, pubescentes. Bec d'un brun très-clair au milieu, plus foncé à l'extrémité. Le thorax, noirâtre en sa partie antérieure, offre une très-petite épine à chaque angle antérieur; de ce point là le bord latéral va presque en ligne droite jusqu'à l'angle extérieur qui est faiblement émarginé et dont le bout antérieur est assez pointu. L'écusson atteint l'apex de l'abdomen et y est faiblement tronqué, ainsi qu'un peu sineux sur les bords. Stigmates de l'abdomen fortement prononcés; entre ceux-ci on voit des points ronds enfoncés, simulant d'autres stigmates. Pattes grêles, à cuisses noires, jambes et tarses d'un brun clair.

Le *Pod. obscurus* semble être assez rare à Java, le Musée n'en possédant que deux individus, un de chaque sexe. Un troisième individu, un peu plus clair en couleur, provient de l'exploration de Borneo par M. le Docteur Schwaner.

2) PODOPS VERMICULATUS, Voll. (Planche III. fig. 7.)

Ovalis, fuscus, nigro-punctatus, subtus piceus, thoracis vermiculati angulis anticis et lateralibus spinosis, antennis, tibiis tarsisque pallide brunneis.
Long. 9 mm.
Hab. Borneo et Sumatra.

De même grandeur que la précédente mais plus ovale, plus large. Tête aplatie, assez longue, deux fois échancrée au bout entre les trois lobes frontaux qui sont d'égale longueur. L'épine au devant des yeux émoussée. Yeux à réseau grossier. Premier article des antennes noir, les suivants d'un brun clair. Bec de la dernière couleur. Prothorax plus large au bord antérieur que chez l'*Obscurus*, ponctué à sa partie antérieure et vermiculée à la postérieure; ses angles épineux. La couleur de sa partie postérieure est brune et celle des excavations tortueuses noire. On remarque souvent sur la partie antérieure une rangée transversale de cinq à six traits d'un brun jaunâtre. Écusson, n'atteignant point le bout de l'abdomen, de couleur brune à ponctuation noire; il offre souvent deux ou trois points jaunes à sa base. Élytres de même couleur que l'écusson, à l'exception de la membrane qui est blanche, non transparente; ailes blanches à nervures brunes. Dessous du corps noir à bords tachetés de brun. Hanches et cuisses noires, luisantes; jambes et pattes d'un brun clair. On ne remarque point de villosité sur le corps de cet insecte (¹).

(¹) L'espèce la plus voisine de ces deux espèces décrites me semble être le *Luridus*, Burm., que l'on ne connaît dans les Musées qu'en exemplaires Chinois. M. le Colonel von Siebold en rapporta quatre individus du Japon; ceux-là ont les pattes presque tout-à-fait noires.

Trouvé par M. Schwaner à Borneo et par M. Müller à Sumatra.

3) PODOPS TARSALIS, Voll. (Planche III. fig. 8.)

Parvus, ovalis, fuscus, capite thoraceque antice obscurioribus, subtus niger, tarsis pallide brunneis, thoracis spinis anterioribus validis.

Long. 6 mm.

Hab. Java et Borneo.

Cette petite espèce se distingue par sa taille, par la largeur des épines du thorax et par la couleur foncée de ses jambes.

La couleur du corps en dessus est un brun peu foncé, criblé d'une infinité de petits points enfoncés noirs, qui le font paraître presque noir. La tête et le thorax sont couverts d'une faible pubescence jaunâtre. Le lobe médian frontal est un peu plus bombé que les latéraux dont les angles distants se prolongent faiblement. L'épine aux côtés de la tête est assez forte. Le premier article des antennes est d'un brun obscur, les suivants d'un brun clair. Les yeux sont noirâtres, les ocelles assez petits. Le prothorax est comme bosselé à sa partie antérieure et muni aux angles antérieurs de deux fortes et larges épines. Ses bords latéraux sont faiblement élargis au milieu, ses angles latéraux finissent en une pointe acérée, suivie d'une petite entaille. L'écusson est assez aplati, un peu resserré avant le milieu et ovale à son extrémité. Près des angles antérieurs on y remarque souvent deux taches jaunes et lisses. Dessous du corps noir, ponctué, à pubescence clairsemée jaune. Bec d'un brun clair. Les cuisses et les quatre premières jambes sont noires, les postérieures ont la moitié de la jambe d'un brun clair, qui est la couleur de tous les tarses. Les angles des anneaux du ventre et des bords sont comme nodulés.

MM. Schwaner et Müller prirent cette petite espèce aux îles de Borneo et de Java.

4) PODOPS SERRATUS, Voll. (Planche III. fig. 9.)

Latus, fuscus nigropunctatus, lobis frontalibus exterioribus elongatis, thoracis lateribus serratis, subtus piceus, tibiis tarsisque dilutioribus.

Long. 11. Lat. 6.

Hab. Borneo et Celebes.

Un peu plus élargi de forme, mais de même couleur que les précédents. La tête et la partie antérieure du prothorax sont couvert d'une villosité jaunâtre, qui semble chez presque tous nos exemplaires mélangée d'une efflorescence boueuse. Tête aplatie, les lobes frontaux extérieurs dépassant de beaucoup le lobe médian; l'épine en arrière des antennes assez forte. La couleur des antennes est un brun clair, à premier article un peu plus foncé. Le bec est d'un jaune sale à extrémité brune. La partie antérieure du prothorax, inclinée en avant, très-finement pointillée, a deux élévations sur une ligne transversale, ses bords offrant une série de cinq petites dents outre l'épine normale; la partie postérieure faiblement convexe, grossièrement ponctuée et de couleur plus claire, ayant ses angles latéraux allongés en une pointe noire, assez forte. Écusson de même forme que chez les précédents , mais plus court, laissant à découvert une partie de la membrane et une grande marge de l'abdomen. Les élytres sont brunes, la membrane jaunâtre à bord brun , les ailes d'un blanc sale à nervures brunes. Sous les ailes l'abdomen est rouge. Dessous du corps d'un brun presque noir , couvert sur la partie antérieure de la même pubescence jaune. L'abdomen est comme nodulé aux bords; la plaque anale du mâle est profondément émarginée et ses angles sont prolongés en deux fortes cornes, de manière à lui donner la forme d'un croissant. Les cuisses sont d'un brun de poix, ou noires, ou d'un brun rouge, les jambes et tarses d'un brun clair à articulations foncées.

Je signale cette espèce à l'attention des amateurs de la création de genres; elle s'y prête tout aussi bien que mille autres qui font genre à part. Elle nous vient des îles de Célébes et de Borneo; dans la dernière elle semble être assez commune.

GENRE XII. **ASPIDESTROPHUS**, Stål.

Corps ovale, peu convexe, tomenteux. Tête carrée, aplatie, faiblement inclinée, armée de chaque côté en avant des yeux d'une forte épine , à lobes frontaux égaux. Yeux protubérants. Antennes aussi longues que la moitié du corps , de cinq articles; le premier plus épaissi ne dépassant point le bout de la tête, le second plus mince et un peu plus court, le troisième égal au second , le quatrième mince et plus long , le cinquième le plus long de tous et presque aussi gros que le premier. Prothorax large, dentelé aux bords latéraux, peu bombé, à impressions transversales. Écusson moins large que l'abdomen et presque aussi long , arrondi à l'extrémité. Pattes médiocres; second article des tarses le plus court.

1) ASPID. MORIO, Stål.

Stål, *K. Sv. fregatt. Eugenies Resa*, *Ins.* 3. p. 219. tab. III. fig. 1. ([1])

Fusco-piceus, remote punctatus , breviter pilosus, macula sub-apicali femorum sublus tarsisque flavotestaceis ♂.
Long. 7,5 mm.
Hab. Java.

Tête carrée, arrondie par devant, ponctuée, d'un brun très-foncé, à villosité jaunâtre, assez serrée. Antennes de même couleur. Prothorax de même couleur, ponctué, a villosité jaunâtre. Écusson , resserré obliquement de chaque côté vers la base, d'un brun de poix, à ponctuation clairsemée sur le disque, plus compacte vers les bords, faiblement garni de poils jaunâtres. Élytres de même couleur, assez fortement ponctuées ,

---

([1]) M. Stål cite dans son Entomologie du Voyage de la frégate Eugénie un mémoire de lui-même , inséré dans les *Öfvers. af K. Vet.-Ak. Förh.* 1854, p. 232.

à quelques poils jaunâtres courts, vers la base du bord costal. En dessous de couleur de poix, le sternum à villosité jaunâtre; abdomen ponctué à poils clairsemés; chaque anneau porte derrière le spiracle un petit tubercule rond. Les pattes sont de la couleur du corps, excepté une petite tache en dessous presque à l'extrémité des cuisses, et les tarses, qui sont d'un blanc jaunâtre.

De Java. Le Muséum ne possède qu'un seul individu.

2) ASPID. LINEOLA, Voll. (Planche III. fig. 10.)

Fusco-niger sive niger, punctulatus, parce griseo pubescens, prothoracis lineola, macula semicirculari subapicali femorum et antennarum apice flavis ♂.

Long. 6 *mm.*

Hab. Borneo.

Cette espèce ne diffère de la précédente que par sa taille, sa couleur et sa pubescence moindre. Tête carrée, arrondie par devant, ponctuée, d'un brun presque noir, à villosité jaunâtre; les épines en arrière des antennes très-fortes. Antennes noires, bout du 3me et 4me article jaunes, 5me article jaune à l'exception de la base. Bec jaune à extrémité brune. Prothorax d'un brun presque noir, grossièrement ponctué, couvert d'une villosité jaune sur ses côtés, à ligne longitudinale médiane jaune sur la moitié antérieure. Écusson à impressions obliques et ponctuation comme chez le précédent, un peu plus large passé la moitié. En dessous noir à ponctuation très-serrée et assez long poils sur la poitrine. Pattes noires; presque à l'extrémité des cuisses se trouve un anneau d'un jaune pâle, ouvert en dessus; tarses jaunes.

M. le Docteur Schwaner découvrit cette espèce aux environs de Bandjermassing dans la grande île de Borneo.

GROUPE DES PLATASPIDES.

GENRE XIII. **CHLAENOCORIS**, Burm.

Corps lisse, parfaitement globuleux en dessus, très-peu convexe en dessous. Tête petite, triangulaire, inclinée. Yeux sessiles, petits; ocelles rapprochés des yeux et placés très en arrière. Antennes de cinq articles, le premier assez long, le second très-petit, le troisième bien plus long que le premier, le quatrième un peu plus court que le troisième mais deux fois plus gros ([1]), le dernier plus long, aussi large, fusiforme. Bec atteignant le milieu de l'abdomen. Prothorax coupé droit postérieurement avec une légère échancrure aux angles postérieurs. Écusson recouvrant presque entièrement l'abdomen et ne laissant même visible qu'un mince rebord latéral des élytres. Pattes assez courtes et peu robustes.

1) CHLAENOC. PUSILLUS, Hagenb. ms. (Planche III. fig. 11.)

Supra luteus, subtilissime fusco punctatus, capite ac maculis duabus thoracis nigris, subtus niger, antennis pedibusque flavis.

Long. 2,5 *mm.*

Hab. Java.

Cette petite espèce a beaucoup d'analogie avec l'*Eysarcoris melanocephalus* F., appartenant à la famille des Pentatomides; la forme générale, la ponctuation et la couleur sont les mêmes chez ces deux espèces, placées dans le système à si grande distance l'une de l'autre. La tête est noire, finement ponctuée, à bout du lobe médian jaunâtre. Yeux assez volumineux, bruns, ocelles très-petits. Bec jaune, ainsi que les antennes; leur dernier article peu épaissi, brunâtre au bout. Prothorax d'un jaune de cuir, couvert d'une multitude de petits points enfoncés noirs, à rebord latéral et antérieur lisse. Partant des angles antérieurs, deux taches noires se prolongent en suivant le bord antérieur jusque près du milieu. Écusson de même couleur, à ponctuation encore plus fine et à trois taches jaunes, lisses, basales. Dessous du corps noir, très-ponctué; bords latéraux du thorax jaunâtres; cinq points ronds jaunes de chaque côté sur les bords de l'abdomen. Pattes jaunes, dernier article tarsal brun.

Messieurs Kuhl et van Hasselt découvrirent cette espèce à Java; c'est probablement sa taille exigue qui est cause que le Musée Royal n'en possède qu'un individu unique.

GENRE XIV. **COPTOSOMA**, Laport.

Corps presque hémisphérique, mais notablement plus large en arrière qu'en avant. Tête petite, placée verticalement, plate, à bord antérieur sémicirculaire. Yeux plutôt grands que de forme moyenne; ocelles très-petits, placés assez près des yeux. Antennes pouvant toucher les angles postérieurs du prothorax, assez grosses, de cinq articles, dont le second très-petit, les trois suivants égaux entre eux. Bec court, n'atteignant pas l'abdomen. Écusson recouvrant l'abdomen et les élytres, à l'exception de la base des secondes, échancré postérieurement dans les mâles. Abdomen peu convexe; plaque anale des mâles placée verticalement.

([1]) Messieurs Amyot et Audinet Serville se sont trompés en écrivant (*Histoire Nat. des Insectes Hémipt.* p. 66) que le quatrième article des antennes était très-petit et globuleux et le cinquième long, coupé droit au bout, velu. Ils n'ont eu devant eux que des individus mutilés, auxquels manquait le vrai cinquième article. La figure que Hahn donne du *Chloenoc. impressus* (248) n'est pas exacte non plus, il lui manque aussi le dernier article des antennes.

1) COPT. VERMICULATUM, Germ.

Germar, *Zeitschr.* I. p. 29. n°. 12.

Nigro-aeneum, nitidum, punctatum, capite antice albo-bimaculato, thoracis margine lateralì et antico lineaque sublaterali albidis, scutello postice flavo-irrorato, maculis duabus basalibus flavis, antennis, pedibus abdominisque maculis lateralibus flavis.

Long. 3 s. 4 mm.

Hab. Java.

D'un noir bronzé, luisant, très-finement ponctué. Lobes latéraux se touchant au bout du lobe médian, d'un blanc jaunâtre, avec un mince liséré brun au bord. Yeux bruns. Antennes jaunes avec le cinquième article brunâtre. Prothorax à bords latéraux d'un blanc jaunâtre, le bord antérieur de même couleur interrompue au milieu ; avant l'angle antérieur cette bordure fait le coude, suit le bord blanc latéral et s'y joint un peu passé le milieu ; le prothorax présente en outre deux petits traits blancs transversaux sur le disque et quelques marbrures aux angles postérieurs. Écusson à deux taches jaunes basales, des marbrures jaunes aux angles et une large bordure marbrée jaune le long du bord postérieur. Élytres brunes à bord jaune. En dessous la tête est presque toute jaune, la poitrine est d'un noir mat à bord latéral jaune, l'abdomen d'un noir bronzé luisant ; son rebord ainsi qu'une tache oblique sous-costale sur chaque anneau jaunes. Pattes de la dernière couleur.

Il y a une légère différence dans la description de Germar qui ne mentionne pas les deux traits transversaux du disque du prothorax. L'espèce est représentée au Muséum par un seul individu.

2) COPT. CINCTUM, Eschsch.

Eschsch., *Dorp. Abh.* I. 161. Burm., *Nova acta Ac. Leop.* XVI. *Suppl.* 290, 10 (*Seminulum*). Germar, *Zeitschr.* I. p. 27. n°. 8. Herr. Schaeff., *Wanz. Ins.* IV. 83. tab. 134. fig. 414 (*variegatum*) et V. 30.

Nigrum, nitidum, capite flavo bimaculato ; thoracis margine antico, laterali, sublaterali et fascia transversa medio interrupta flavis, scutelli basi, medio interrupta, et margine, pedibus, nec non abdominis maculis lateralibus flavis.

Long. 3 mm.

Hab. Java et Timor.

D'un noir luisant à ponctuation serrée. Tête, yeux, antennes comme chez le précédent, seulement ce qui était blanc là est jaune ici. Prothorax à lignes jaunes, disposées comme chez le *Vermiculatum* ; marbrure aux angles changée en tache triangulaire d'un jaune brunâtre. Bourrelet de l'écusson jaune avec une tache brune au milieu ; tout le bord de l'écusson jaune, cette bordure plus large à l'apex, où chez le mâle elle s'avance même en pointe sur le disque. Dessous de la tête d'un jaune brunâtre, du thorax d'un noir mat à bords latéraux jaunes. Ventre d'un noir luisant, à bordure de taches jaunes longitudinales, disposées par paires. Pattes jaunes à hanches et base des jambes brunes.

Cette description ne s'accorde pas en tous points avec celle que donna Germar, mais bien avec la figure de Herrich-Schaeffer. On pourrait nommer les individus des îles Philippines le type et ceux de Java et de Timor, qui sont identiques, une race locale.

3) COPT. SPHAËRULA, Germ.

Germar, *Zeitschr.* I. 25. n°. 2. Herr. Schaeff., *Wanz. Ins.* V. p. 15. tab. 150. fig. 476.

Aeneo-niger, thoracis laterum et ventris margine duplici, scutelli simplici flavis; pedibus et antennis brunneo-flavis.

Long. 2,5 mm.

Hab. Java.

Encore plus petit que le précédent, d'un noir bronzé, luisant, finement pointillé. Tête immaculée à antennes d'un jaune brunâtre. Prothorax à fine bordure double, jaune, s'étendant des angles antérieurs jusque près des postérieurs. Écusson bordé de jaune, excepté à sa base. Élytres brunes à large bord jaune. En dessous tête noire, poitrine d'un noir mat, à bordure jaune transparente aux angles antérieurs; abdomen d'un noir bronzé luisant à fine bordure et rangée de linéoles sous-costales, jaunes. Pattes d'un brun jaune, plus foncé vers les hanches.

Cette espèce fut envoyée de Java par MM. Kuhl et van Hasselt, vers 1825. Depuis nous n'en avons plus reçu d'exemplaires.

4) CAPT. MODESTUM, Voll. (Planche IV. fig. 1.)

Aeneo-nigrum, capitis maculis lateralibus, prothoracis maculis binis, margine laterali et lineolis quatuor obliquis, sicut scutelli margine flavis, antennis pedibusque brunneis.

Long. 3 mm.

Hab. Timor.

Cette espèce ne diffère que peu de la précédente; comme chez elle, la couleur est un noir bronzé, luisant. Tout le corps est finement pointillé. La tête offre sur chaque lobe latéral une ligne courbe jaune, commençant aux yeux. Le prothorax a deux taches jaunes au bord antérieur; la distance de l'une à l'autre est égale à celle d'une des taches à l'angle antérieur; entre cette tache et cet angle on voit une petite ligne jaune oblique; l'angle antérieur est bordé de jaune et cette bordure descent jusqu'à la moitié du bord latéral; tout près de là commence une autre ligne oblique jaune, sousmarginale. Bordure de l'écusson très-mince. Elytres jaunes à traits longitudinaux bruns. Dessous de la tête et antennes d'un brun jaunâtre. Prothorax d'un noir grisâtre mat, à bord jaune, transparent. Ventre d'un noir bronzé, à bordure et taches sous-marginales jaunes. Pattes d'un brun clair, à cuisses plus foncées.

M. le Docteur Müller envoya à Leide un seul individu mâle, lors de son voyage dans l'île de Timor.

5) COPT. TONDANENSE, Voll. (Planche IV. fig. 2.)

Atrum, nitidum, capitis maculis duabus, prothoracis margine laterali et linea sub-marginali flexuosa, punctoque humerali, scutelli maculis submagnis costalibus et margine lato flavis.

Long. 4. Larg. 4,5 mm.

Hab. Tondano in insula Celebes.

Beaucoup plus grande que les précédentes espèces, à tête plus large et à couleurs plus décidées. Le dessus est d'un noir très-intense et luisant, finement ponctué sur la tête et le prothorax, plus distinctement sur l'écusson. Deux taches triangulaires jaunes, à bord antérieur brun sur les deux lobes latéraux frontaux. Yeux d'un brun gris. De l'angle antérieur du prothorax part une ligne jaune, qui en bordant la côte s'avance jusque près de l'angle extérieur et de là se retourne brusquement pour s'implanter de nouveau au bord antérieur, qu'elle longe encore jusqu'auprès du milieu. Près de l'angle postérieur on aperçoit un très-petit point d'un jaune brunâtre. Écusson offrant sur le bourrelet deux taches assez grandes ovales, jaunes, et bordé d'une assez large bordure jaune, rétrécie aux points ou l'écusson a sa plus grande largeur. Tête jaunâtre en dessous; antennes jaunes, les deux derniers articles bruns. Thorax gris en dessous, à marge latérale jaune. Pattes jaunes à tarses rougeâtres. Abdomen d'un noir luisant, ridé longitudinalement sur les trois premiers anneaux; une étroite bordure jaune, suivie sur chaque anneau de deux taches jaunes en ogive, dont la première la plus grande.

Cette belle espèce a été récoltée par M. le Docteur Forsten, près du village de Tondano dans la résidence Menado de l'île de Célébes.

6) COPT. MARMORATUM, Voll. (Planche IV. fig. 3.)

Flavum, nitidum, fusco adspersum, occipite, prothoracis basi, linea media longitudi-nali et antica subcostali, scutellique linea transversali angulosa nigrofuscis.

Long. 4 s. 4,5 mm.

Hab. Celebes.

De la même grandeur que l'*Atomarium*, mais beaucoup plus foncé en couleur et très-facile à distinguer. Tête très-large, jaune à liséré brun et occiput d'un brun pres-que noir; le lobe médian ne touchant point le bord antérieur, à liséré brun; entre ce lobe et les yeux deux taches d'un brun clair. Yeux larges, en ovale, bruns; ocelles très-petits, jaunes. Antennes jaunes à dernier article lavé de brun. Bec mince, jaune. Prothorax sans sillon, très-uni et luisant, jaune; son disque est irrégulièrement parsemé de points enfoncés dans de petites taches brunes; sa base, une ligne longitudinale au milieu et une ligne en forme de double ꝩ très-évasé près du bord antérieur sont d'un noir brunâtre; les angles antérieurs avec une partie du bord latéral sont séparés du disque par une ligne brune. Écusson à courbure uniforme sans bourrelet, jaune, couvert, de taches brunes qui en s'unissant entre elles, lui donnent un aspect marbré, traversé dans son milieu par une ligne, trois fois brisée en angle, de couleur brune très-foncée. Élytres à raies longitudinales jaunes et brunes; membrane transparante à onze nervules et bord brunâtres. En dessous la tête et les bords du prothorax sont jaunes, la poitrine est d'un gris mat, rugueuse, l'abdomen noir luisant à bordure emmanchée (¹) et taches jaunes. Pattes jaunes à tarses brunâtres.

M. le Docteur Forsten découvrit cette jolie espèce à Gorontalo dans l'île de Célébes.

7) COPT. FORSTENI, Voll. (Planche IV. fig. 4.)

Majus, flavum, prothorace laevi scutelloque fusco-adspersis, abdomine brunneo, fusco-adsperso, in disco obscuriori.

Long. 6 *mm.*

Hab. Celebes.

La plus grande espèce du genre qui m'est connue, ressemblant quelque peu au *Copt. Bufo*, Eschs., mais ne présentant aucun sillon sur la surface très-unie du prothorax. Tête petite, non élargie, jaune, le lobe médian, les bords extérieurs des latéraux et l'occiput d'un brun noirâtre; celui-ci chargé d'une tache ovale, accompagnée de deux points latéraux jaunes. Yeux rouges, ocelles et antennes jaunes. Prothorax et écusson parsemés d'une infinité de points enfoncés bruns; à peine y distingue-t-on une ligne courbe brune près du bord antérieur du prothorax; un petit espace basal triangulaire et une ligne médiane de l'écusson non ponctués. En dessous la tête est noire, la poitrine couleur d'ardoise à bords jaunes; l'abdomen jaune a disque brunâtre et à points enfoncés bruns, plus clairsemés qu'en dessus. Pattes jaunes à quelques traits bruns; bec brun en dessus, jaune en dessous. Membrane des élytres traversée par 18 nervules brunes.

Nous devons encore la connaissance de cette espèce aux recherches de M. le Docteur Forsten, qui la trouva à Tondano dans l'île de Célébes.

8) COPT. MÜLLERI, Voll. (Planche IV. fig. 5.)

Scutelli basi, sulco abscissa a disco, capite ac prothorace flavis, nigro-marginatis, hocce fusco-irrorato, scutello fusco flavo-marmorato, abdominis fusci margine flavo nigro-punctato.

Long. 5 *mm*

Hab. Borneo.

Cette espèce est très-voisine de l'*Ictericum* Dallas (²) et s'en distingue principalement par l'absence de ligne transversale de points enfoncés sur le prothorax et par la coloration du ventre. La tête est jaune; son lobe médian a le bout non embrassé par les lobes latéraux; tous les bords, deux lignes obliques entre les yeux et les ocelles, la base et le bout du lobe médian sont noirs. Les antennes manquent. Prothorax jaune, parsemé de petites taches brunes à points enfoncés, nombreux à la base et qui vont se

---

(¹) Il me semble qu'on pourrait quelquefois en entomologie faire usage des termes du blason pour certaines figures, qui n'ont point encore reçu de nom dans l'Orismologie zoologique.

(²) Le *Coptosoma ictericum* ne se trouve pas seulement aux îles Philippines, mais encore au Japon. M. de Siebold en rapporta deux exemplaires.

perdant vers le bord antérieur; un liséré aux bords, les angles extérieurs ainsi qu'une ligne en demi-cercle sur la nuque noirs. Écusson brun, marbré de jaune, fortement ponctué, à liséré noir; son bourrelet n'est point bombé, mais découpé du disque par une balafre courbe. Dessous de la tête et du prothorax jaune à liséré noir, méso- et métathorax gris; abdomen d'un brun d'écaille à bordure engrêlée jaune; des taches noires autour des stigmates. Pattes d'un brun jaunâtre.

Le Muséum ne possède qu'un individu, trouvé à Borneo par M. Müller.

9) COPT. ATOMARIUM, Germ.

Germar, *Zeitschr.* I. p. 27. n°. 6. Herrich-Schäff., *Wanz. Ins.* V. 31. tab. 153. fig. 481.

Flavum, thoracis parte basali et scutello sparsim fusco-punctatis, thorace punctorum impressorum serie transverse diviso, abdominis nigri margine flavo nigro-punctato.
Long. 3,5 — 4 *mm.*
Hab. Java, Sumatra, Timor.

D'un jaune grisâtre ou verdâtre, irrégulièrement parsemé de points noirs enfoncés sur la partie postérieure du prothorax et sur l'écusson. Tête petite, à liséré noir extrèmement fin au bord antérieur, une ligne en croissant noire sur l'occiput, passant de l'un à l'autre ocelle. Antennes jaunes à extrémité du dernier article brunâtre. Yeux rouges. Prothorax divisé en deux parties inégales par une série de points bruns enfoncés; en avant de cette série on voit souvent une ligne ondulée brune; la partie postérieure est ponctuée de points noirs. Écusson à bourrelet non bombé, mais seulement découpé, comme chez le précédent; points enfoncés plus gros, mais plus espacés que ceux du thorax. En dessous tête et prothorax jaunes; méso- et métathorax d'un gris d'ardoise; abdomen d'un noir luisant à large bordure jaune, dans laquelle on voit les stigmates, finement cerclés de noir. Pattes jaunes à dernier article des tarses brun.

Une variété de Sumatra se distingue par une petite ligne longitudinale sur le prothorax, unissant le bord antérieur à la ligne transversale.

Cette espèce semble être commune à Sumatra; on la trouve en outre à Java et à Timor.

10) COPT. CRIBRARIUM F.

Fabr., *Ent. Syst. Suppl.* 531, 45. *Syst. Rhyng.* 143, 72. Burm., *Handbuch*, II. p. 384. Herr. Schaeff., *Wanz. Ins.* IV. p. 84. tab. 134. fig. 416. Germar, *Zeitschr.* I. 26. n°. 3. Amyot et Serv., *Hémipt.* 66. pl. 2. fig. 4 ([1]).

Fulvo-flavum, thoracis parte basali et scutello sparsim nigro-punctatis, thorace linea

---

([1]) Mauvaise figure, beaucoup trop brune, à tête et pattes trop allongées.

punctorum impressorum transverse diviso, scutelli linea impressa submarginali nigra, abdominis flavi disco nigro.

Long. 4 — 4,5 mm.

Hab. Java, Sumatra et Bengalia.

Espèce très-rapprochée de la précédente, mais bien distincte. Il est à noter que les diagnoses de Fabricius, de Burmeister et même la courte description de Germar se rapportent aussi bien à la précédente qu'à celle-ci. Voici les points dans lesquelles *cribrarium* diffère d'*atomarium*. La taille est ordinairement plus grande, la couleur généralement d'un jaune d'œuf, quoiqu'on remarque aussi des individus d'une couleur jaune verdâtre. Les points enfoncés sont plus petits et plus noirs; la série de points sur le prothorax est moins droite; l'écusson est bordé partout, excepté au bourrelet, d'un trait sousmarginal noir. L'abdomen est jaune, avec une grande tache noire au milieu, de laquelle partent des rayons noirs longeant les bords antérieurs des anneaux ; entre ces rayons l'on voit de petites lignes transversales noires.

Les individus de Sumatra sont ceux dont le jaune est le plus orangé. Ceux de Java et du Bengale sont plus ternes.

GENRE XV. **TIAROCORIS**, Voll.

Corps très-bombé et très-large, à diamètre plus grand passé le milieu. Tête très-large, placée presque verticalement; les lobes latéraux du front se rejoignant et s'unissant en une pièce avant le lobe médian chez la femelle; ces deux lobes s'étendant après leur union en deux grandes cornes divergentes, très-plates, finement rebordées aux bords latéraux, quelque peu relevées vers le bout, chez le mâle. Antennes de cinq articles, le second très-petit, le troisième mince et assez long, les deux derniers égaux entre eux, plus courts que le troisième, fusiformes. Bec atteignant le premier anneau de l'abdomen. Écusson recouvrant l'abdomen et les élytres, à l'exception de la base des secondes ; échancré postérieurement dans les mâles. Abdomen peu convexe; plaque anale des mâles placée obliquement. Nervules de la membrane au nombre de 16.

Ce que le genre *Ceratocoris* White est à l'égard du genre *Hétérocrates* Amyot et Serv., notre nouveau genre l'est à l'égard do *Coptosoma*. J'avais au premier abord logé la nouvelle espèce à la suite de la *Cerat. bucephalus*, mais en y regardant plus attentivement, je vis que les caractères sont trop disparates pour permettre de classer les deux curieuses espèces dans un seul genre.

1) TIAROC. SUMATRANUS, Voll. (Planche IV. fig. 6 *a* et *b*.)

Luteo-flavus nitidus, prothorace postice et scutello fusco-punctatissimis, illo sulco transversali diviso, linea fusca undulata ante sulcum, abdominis nigrofusci margine flavo.

Long 5,5 mm. ♂; 4,5 mm. ♀.

Hab. Sumatra.

D'un jaune quelque peu grisâtre, luisant. Tête très-large, à liséré brun; l'occiput ainsi qu'un petit trait en dehors des ocelles d'un brun noir; lobe médian bordé de brun et formant ainsi comme un ovale allongé sur le disque de la tête. Yeux très-larges, rouges; ocelles de même couleur. Antennes jaunes, les deux derniers articles noirâtres, pubescens. Prothorax à angles antérieurs arrondis, aplatis et comme séparés du prothorax par une ligne enfoncée brune; une autre ligne enfoncée brune divise le prothorax en deux parties, dont la seconde est la plus grande; dans l'antérieure on voit une ligne onduleuse, assez large, brune, ne touchant pas les bords; l'autre partie est couverte d'une infinité de très-petits points bruns. L'écusson est pointillé de même manière à l'exception de ses bords, qui sont lisses; une mince ligne brune sépare le bourrelet du disque, quoique l'un ne soit pas plus rehaussé que l'autre. Élytres jaunes à traits bruns; membrane transparente à nervures et bord d'un brun clair. En dessous la tête et le prothorax sont jaunes, à liséré brun; le méso- et métathorax d'un gris d'ardoise. Abdomen d'un noir luisant brunâtre, à large bord jaune, les bords des anneaux à liséré noirâtre. Pattes jaunes à tarses brunâtres en dessus.

Le Musée doit deux exemplaires de sexe différent à la bonté de M. Ludeking, officier de santé, qui les trouva aux environs du fort de Kock, dans l'île de Sumatra.

GENRE XVI. **BRACHYPLATYS**, Boisd. (¹)

Corps convexe en dessus, plat en dessous en forme de bouclier, mais évidemment plus large en arrière qu'en avant. Tête deux fois plus large que longue, très-inclinée, presque verticale. Antennes de cinq articles, le deuxième trois fois plus court que le premier, les trois derniers deux fois plus longs que le premier, égaux entre eux. Yeux en triangle très-élargi; ocelles rapprochés des yeux. Bec atteignant presque l'abdomen. Prothorax très-large aux angles arrondis, ayant une échancrure à son bord antérieur. Écusson sans bourrelet, profondément échancré postérieurement dans les mâles. Abdomen à surface plate et unie. Pieds à cuisses élargies. Membrane des élytres à 16, 18 ou 20 nervules longitudinales.

1) BRACHYPL. VAHLII F.

Fabr., *Ent. Syst.* IV. 89, 41. *Syst. Rhyng.* 142, 69. Coqueb., *Illustrat. iconogr.* II. p. 79. tab. 18. fig. 14. Germar, *Zeitschr.* I. p. 32. n°. 19 (*Septus*).

Aeneo-niger, capite flavomaculato, thoracis margine antico, laterali lineaque submarginali obliqua et scutelli margine duplici flavis, ventre flavo nigro-vittato et fasciato.

(¹) Je m'en rapporte à M. Dallas pour le nom que doit porter ce genre. M. Boisduval n'a donné qu'une définition superficielle des caractères du genre dans l'*Entomologie du voyage de l'Astrolabe* et je ne connais point en nature son *Br. Vanicorensis* que M. Dallas ne cite point dans son catalogue.

Long. 6 *mm.*

Hab. Sumatra, Ambon et Ternate.

D'un noir bronzé, à tête et prothorax presque lisses et écusson finement ponctué. La tête offre une ligne subcostale et une autre ligne transversale entre les yeux d'un jaune brunâtre; ces deux lignes sont reliées entre elles par deux traits longitudinaux, au milieu desquels se trouve une petite tache en forme de coeur. Les yeux sont d'un brun-rouge, les ocelles couleur topaze, les antennes jaunes; leur dernier article faiblement brunâtre. Le prothorax a le bord latéral jaune; de l'angle postérieur part une ligne jaune qui longe le bord jusqu'à l'angle extérieur, le quitte alors pour aller en droite ligne vers le bord antérieur, derrière le bord intérieur de l'oeil, décrit ensuite un demi cercle, pour aboutir enfin symmétriquement à l'autre angle postérieur. Deux très-petits points jaunes se voient derrière l'angle que fait la ligne au bord antérieur. L'écusson offre à sa base deux petits points et à son bord une double bordure, jaunes. En dessous le milieu de la tête, le bec et les pattes sont jaunes; le prothorax gris, le ventre jaune à la bande noire d'où partent des rayons vers le bord sans néanmoins l'atteindre; entre ces rayons on voit encore d'autres raies noires.

Quoique Germar ne parle que d'une simple bordure à l'écusson et que sa description des raies abdominales ne soit pas très-claire, je suppose que nos individus sont identiques au sien; il est à noter qu'aucun auteur parle d'une double bordure en décrivant des *Brachyplatys*. Quant à l'habitat, il est vrai que M. Germar nomme Java, tandis que nos exemplaires proviennent de Ternate, d'Amboine et de Sumatra, mais l'on sait qu'au commencement de ce siècle les objets d'histoire naturelles des colonies Hollandaises aux Indes Orientales étaient communément étiquetés de Java. Je ne crois pas que la *Vahlii* n°. 23 de Germar, la figure 90 de Wolff, ni la *Papua* de Guérin ne se rapportent à cette espèce, qui seulement est distinctement reconnaissable dans la figure de Coquebert de Mombret.

2) BRACHYPL. RADIANS, Voll. (Planche IV. fig. 7.)

Aeneo-niger, capite flavomaculato, thoracis margine antico, laterali lineaque submarginali obliqua flavis, scutelli margine duplici, interiori largiori, flavo, ventre flavo, macula magna discali radiante nigra.

Long. 7 *mm.*

Hab. Gorontalo in insula Celebes.

Cette espèce, que l'on pourrait croire une variété locale de la précédente, n'en diffère que par les caractères suivants. En général elle est un peu plus grande. Sur presque toute la tête s'étend une large tache jaune, dans laquelle serpente un trait noir, qui deux fois en brise le contour. La bordure et les taches jaunes du prothorax sont plus larges et de couleur plus vive. L'écusson est bordé de deux lignes jaunes superposées, dont celle qui est à l'intérieur est la plus large. Le ventre est noir à la bordure de taches jaunes de forme conique, ou si on l'aime mieux, le ventre est jaune et offre une large tache discale noire émettant des rayons vers le bord.

M. Forsten trouva cette espèce à Gorontalo dans l'île de Célébes.

3) **BRACHYPL. SUBAENEUS**, Hope. (Planche IV. fig. 8.)

Hope, *Catalog.* 17.

Aeneo-niger, capite flavomaculato, thoracis margine antico, laterali lineaque submarginali obliqua flavis, scutelli margine tenui duplici nec non abdominis nigri maculis plurimis marginalibus transverso-conicis flavis.

Long. 4 mm.

Hab. Borneo.

Cette espèce présente beaucoup moins de jaune que les deux précédentes. Sur la tête on voit deux lignes transversales jaunes dont la postérieure est deux fois interrompue (dans l'individu de M. Hope, cette ligne ne paraît avoir offert que trois points, dont l'intermédiaire un peu en arrière des autres). Au milieu du lobe médian on aperçoit encore une petite tache jaune. La configuration des lignes jaunes sur le prothorax est la même que chez les précédentes, mais les lignes sont extrêmement fines; il en est de même de la double bordure de l'écusson. Ni sur celui-ci, ni sur le prothorax l'on ne voit de taches jaunes isolées. En dessous le milieu de la tête, les antennes, le bec et les pattes sont jaunes et la poitrine grise. L'abdomen d'un noir très-luisant, offre une double bordure jaune; l'intérieure formée de taches coniques, l'extérieure en bande, maculée d'une série de très-petites taches noires, alternativement en ovale et en triangle.

Le Musée possède deux individus, envoyés de Borneo par M. le Docteur Schwaner.

4) **BRACHYPL. CRUX**, Voll. (Planche IV. fig. 9.)

Aeneo-niger, capitis macula cruciformi, thoracis margine antico et laterali lineolaque in angulo nec non scutelli abdominisque margine duplici flavis.

Long. 5 mm.

Hab. Sumatra.

Forme et ponctuation comme chez les précédents. La tête offre une figure en croix composée de deux traits et de deux taches oblongues d'un jaune rougeâtre. La figure des lignes jaunes sur le prothorax serait identique à celle qu'on remarque dans le *Vahlii*, si la ligne du bord antérieur s'unissait à celle qu'on voit près de l'angle extérieur; maintenant il ne reste qu'un très-petit espace où la bordure est double. Celle de l'écusson est fine et double. Les antennes sont jaunes, aux deux derniers articles bruns, les pattes et le bec sont d'un jaune rougeâtre. En dessous le milieu de la tête est jaune, ainsi que le bord du prothorax et quelques taches latérales sur les deux autres segments du thorax, dont la couleur est grise. L'abdomen, d'un noir luisant, offre deux bordures; l'extérieure ondulée en dedans, l'intérieure composée de taches et de traits, posés alternativement.

Un individu, étiqueté de Sumatra.

5) **BRACHYPL. PAUPER**, Voll.

Aeneo-niger, thoracis margine laterali simplici, scutelli et abdominis duplici flavis, antennis pedibusque fusco-rufis ([1]).

([1]) J'avais un instant cru que notre *pauper* pourrait être identique avec la *Plataspis hémisphaerica* Hope, mais l'inspection d'un exemplaire typique de cette dernière espèce m'a prouvé le contraire. La *Hemisphaerica* diffère par l'absence de la bordure à l'écusson.

Long. 4—5 *mm.*

Hab. Java, Ternate et Celebes.

Forme et ponctuation des précédents. La tête est tout-à-fait noire; néanmoins un seul individu sur huit offre sur le disque trois petits points rouges. Les yeux sont bruns. Prothorax à une mince bordure latérale et un petit trait à l'angle extérieur jaunes; abdomen bordé de deux lignes jaunes, dont l'extérieure est excessivement fine. Base des antennes, bec et pattes d'un rouge-brun jaunâtre, les deux derniers articles des antennes et les cuisses de la dernière paire d'un brun plus foncé. Poitrine grise, abdomen d'un noir brunâtre luisant à double bordure de taches et traits jaunes.

L'individu, offrant trois points jaunes sur le disque de la tête, nous vient de Java; tous les autres ont été pris aux îles de Célébes et de Ternate.

6) BRACHYPL. NIGRIVENTRIS, Hope.

Hope, *Catal.* 18. Herr. Schaeffer, *Wanz. Ins.* IV. p. 83. tab. 134. fig. 415 et V. p. 31. Amyot et Serv., *Hémipt.* p. 64. Germar, *Zeitschr.* I. p. 34. n°. 25.

Aeneo-niger, thoracis scutelloque margine laterali tenuissime albidis, antennis pedibusque piceis, abdomine immaculato.

Long. 5—6 *mm.*

Hab. Java.

Même forme et ponctuation. Tête toute noire. Bords latéraux du prothorax et bords de l'écusson à liséré d'un blanc sale. Antennes et pattes d'un rouge brunâtre, cuisses plus obscures. Poitrine d'un noir mat; abdomen d'un noir luisant, sans bordure ni taches. Plaque anale du mâle quelquefois rougeâtre.

Cette espèce ne semble pas rare à Java.

7. BRACHYPL. PALLIFRONS, Voll. (Planche IV. fig. 10.)

Aeneus, nitidus, subpunctatus, fronte, capite subtus, antennis pedibusque dilute brunneis, ventris nigri maculis conicis marginalibus flavis.

Long. 5—7 *mm.*

Hab. Timor.

D'un bronzé luisant, à ponctuation très-fine et peu distincte. Partie antérieure de la tête en dessus d'un brun très-pâle, marbré d'un brun obscur. Yeux d'un rouge brunâtre. Prothorax marqué dans quelques individus d'un petit point jaune à la nuque et ayant les coutours des angles antérieurs pâles. Écusson souvent à ligne jaunâtre peu apparente vers l'extrémité. En dessous la tête, les antennes et les pattes sont d'un blanc sale, jaunâtre ou brunâtre. L'abdomen d'un bronzé luisant offre une double bordure d'un jaune très-pale, l'extérieure de taches en forme de virgule, l'intérieure de taches coniques, dont les pointes se tournent vers le disque.

Il paraît que cette espèce est très-commune à Timor. Nous devons au zèle de M. Wienecke, officier de santé, une vingtaine d'individus, trouvés aux mois de Janvier, Février, Juin, Octobre et Novembre. Une variété à ventre concolore y a été prise au mois de Février.

8) BRACHYPL. AENEUS, Dall.

Dallas, *List of the Spec. of Hémipt. Brit. Museum*, I. p. 71. n°. 12.

Aeneus, nitidus, punctatus; pectore pedibus antennisque nigris ♀ (Dallas).
Long. 3½ *lin.*
Hab. Java.

D'un noir bronzé luisant, à ponctuation fine et serrée. Abdomen tout-à-fait bronzé, égal, luisant, un peu ridé et offrant une ligne transversale de petits points sur la base de chaque segment, tout près de la suture. Poitrine noire, mate, ridée. Pattes d'un noir luisant, à base des cuisses et tarses d'un brun rougeâtre. Bec de la dernière couleur avec le bout du troisième article d'un jaune orangé. Antennes d'un brun noirâtre, à articulations testacées. (Dallas.)

Je ne connais pas cette espèce en nature.

GENRE XVII. **HETEROCRATES**, Am. et Serv.

Corps elliptique, peu bombé en dessus, luisant, pas sensiblement plus large en arrière qu'en avant. Tête large, arquée antérieurement dans les femelles, trapézoïdale dans les mâles, le bord antérieur, dans ce dernier sexe, étant tronqué droit; les lobes latéraux se rejoignant au delà du lobe médian frontal, qui ressemble à une carène étroite. Antennes placées très-bas sous la tête, de cinq articles; le premier long, cilindrique, lisse, atteignant le bord de la tête, le second, n'ayant qu'un septième de la longueur du premier, lisse; les trois autres d'égale longueur, chacun presque aussi grand que le premier, pubescents. Yeux médiocres; ocelles placés beaucoup plus près l'un de l'autre que des yeux, très-petits. Bec dépassant le métathorax; son troisième article le plus long de tous, grêle. Prothorax à bords latéraux légèrement arqués; le bord postérieur coupé en arc à peine courbé. Écusson échancré postérieurement dans les mâles; cette échancrure très-étroite. Abdomen aplati à sillon longitudinal sur les 4 premiers anneaux. Pattes assez courtes et robustes.

1) HETEROCRATES CORACINUS, White (¹).

White, *Magaz. of Natural History*, new ser. III. 540. fig. 68 *c.* Am. et Serv., *Hémipt.* p. 63.

(¹) M. A. Dohrn dans son excellent Catalogue nomme cette espèce *Marginatus* Thunberg. J'ai vainement cherché un *Cimex marginatus* dans mon exemplaire des oeuvres de cet auteur, qui à vrai dire n'est pas complet.

Aeneo-niger, nitidus, prothoracis disco et scutello punctatis, prothoracis lateribus, elytris et abdomine flavo-marginatis.

Long. 12 *mm.*

Hab. Java, Sumatra, Borneo.

D'un noir bronzé. La tête a quelques rides sur le front. Yeux bruns, ocelles d'un brun très-clair. Prothorax inégal, à faible impression transversale, faiblement ponctué sur le disque et à sa base; un leger filet d'un jaune fauve bordant le prothorax latéralement. Élytres creusées en gouttière sous le rebord qui est d'un jaune fauve. Écusson très-irrégulièrement ponctué, coriace à l'extrémité. Antennes noires à articulations d'un rouge brunâtre. Poitrine d'une couleur mate, boueuse; bords latéraux du prothorax, de même qu'un espace entre les hanches, luisants et lisses. Anneaux de l'abdomen ridés longitudinalement; celui-ci d'un noir bronzé luisant à fine bordure fauve, interrompue par la plaque anale. Pattes d'un noir brunâtre, à hanches, bases des cuisses et tarses d'un brun rougeâtre.

Cette espèce se rencontre aux îles de Java, de Sumatra et de Borneo. Je ne lui connais pas de variété.

GROUPE DES OXYNOTIDES.

GENRE XVIII. **TARISA**, Am. et Serv.

Corps court, très-bombé, couvert d'aspérités. Tête fortement inclinée, ainsi que la partie antérieure du prothorax. Yeux en ovale, assez gros; ocelles assez gros, aussi distants entre eux que des yeux. Les antennes dont la base est cachée sous la tête, ont cinq articles; les deux premiers égaux, courts, les trois derniers égaux entre eux, mais bien plus longs que le premier. Prothorax gibbeux. Écusson offrant un bourrelet, dont le milieu est élevé en bosse. Élytres rugueuses à membrane offrant huit nervules longitudinales. Abdomen renflé. Pattes courtes et fortes.

1) TARISA DROMEDARIUS, Voll. (Planche IV. fig. 11.)

Lurida, capite, prothoracis parte antica, duabus scutelli maculis ocellaribus et apice cinerascentibus, tarsis pallidis.

Long. 7 *mm.*

Hab. Celebes.

Pour faire entrer cette nouvelle espèce dans le genre *Tarisa* il faut en modifier légèrement les caractères, comme je l'ai fait ci-dessus. Du reste les différences entre l'espèce que je vais décrire, et la *Tarisa flavescens* Am. et Serv., ne sont pas de nature à nous autoriser à créer en sa faveur un nouveau genre.

Corps d'un noir terreux, gris cendré sur la tête et la partie antérieure du prothorax. Tête allongée, carrée en avant, en forme de tête de *Brachycerus*, aux angles antérieurs élargis en pointe obtuse; chaque lobe frontal porte à sa base une élévation verruqueuse, celle du lobe médian étant la plus grande et reculant le plus en arrière. Yeux d'un brun noirâtre; antennes et bec d'un brun rougeâtre. Angles antérieurs du prothorax arrondis; un enfoncement circulaire se voit avant chaque angle latéral, et dans la ligne médiane, non loin de la nuque une protubérance assez élevée, flanquée de deux plus petites; sur le disque on remarque trois lignes longitudinales, dont chacune offre encore un petit espace plus rehaussé. La partie noirâtre du prothorax est couverte de gros points enfoncés. L'écusson d'un noir terreux, porte au milieu du bourrelet une élévation en guise de bosse de dromadaire, aux angles une tache ovale de couleur gris cendré, ayant au milieu un gros point enfoncé brun; un peu avant l'apex qui est incliné et de couleur cendrée, se trouve une seconde élévation, beaucoup moins haute. Élytres brunes à membrane noire. Dessous du corps d'un gris cendré à taches noirâtres. Pattes brunes, variées de gris; extrémité des jambes et tarses d'un blanc jaunâtre.

M. le Docteur E. A. Forsten trouva cette remarquable espèce à Tondano dans l'île de Célébes.

A P P E N D I C E.

Pendant qu'on était occupé à tirer les premières feuilles de cette monographie, je reçus pour le Musée Royal les deux espèces nouvelles suivantes que j'aurais bien désiré insérer à leurs places systématiques, mais que du moins je ne veux pas supprimer. J'ajoute une observation, faite en même temps.

COLEOTICHUS FUSCUS, Voll.

Fuscus nigropunctatus, subtus brunneo-flavus, fusco marmoratus.
Long. 13 mm.
Hab. Ceram.

Bien plus petit que le *Pallidus*, mais de même forme. Tête d'un brun jaunâtre semé de très-petits points enfoncés noirs. Yeux bruns, ocelles d'un jaune brillant. Premier article des antennes jaunes, les suivants d'un brun très-pâle. Prothorax d'un brun à peine plus foncé que celui de la tête, parsemé de points enfoncés plus gros surtout vers la partie postérieure, où ils se rassemblent en rangées transversales, laissant lisse toutefois une ligne longitudinale médiane, ainsi qu'un liséré jaune le long du milieu de la base. Écusson de même couleur, mais tigré de taches encore plus grandes, qui s'accumulent surtout en forme de deux chevrons; ligne médiane longitudinale lisse, souvent interrompue.

Dessous du corps d'un jaune brunâtre; de chaque côté de la tête une ligne oblique noire. Côtés du prothorax à points enfoncés noirs; côtés du prothorax et abdomen marbrés d'un brun rougeâtre. Pattes d'un jaune brunâtre uniforme.

Un seul individu de l'île de Céram.

TECTOCORIS CYANIPES F.

Le Muséum reçut un très-grand nombre d'individus que M. Wienecke avait recueillis dans l'île de Timor, durant les mois de Février, Mai, Juillet, Août et Octobre.

Je les ai vainement cherché entre les insectes, recueillis aux autres mois de l'année; l'envoi d'Octobre en offrait le plus grand nombre. Tous ces individus étaient préservés dans l'alcohol; ce qui me frappa d'abord, c'était de voir toutes les pattes d'un vert métallique brillant, tous les vrais *Cyanipes* rouges au lieu de jaunes, et tous les *Banksii* de la même belle couleur verte, nuancée de taches rouges. Par la dessiccation les couleurs brillantes se changèrent en ces couleurs bien connues de jaune et de violet, ce qui me fait supposer que quant aux vraies couleurs des insectes de cette famille nos descriptions sont entièrement fausses et contraires à la nature, que notre *Cyanipes* aurait dû porter le nom de *Viridipes* et que les variétés violettes des espèces de *Callidea* que nous décrivons d'après nos Musées, en réalité n'existent nulle part.

CANTAO RUDIS, Voll.

Rufus, rude punctatus, macula capitis aeneo-nigra cuneiformi, thoracis lateribus inermibus, hujus maculis 2—8, scutelli octo nigris, non ocellatis.

Long. 16—20 mm.

Hab. Kajoa et Morotai.

Je me proposais de nommer cette espèce *Bernsteinii* en l'honneur de M. le Docteur Bernstein qui l'a découverte, mais doutant si notre espèce ne pourrait être une variété locale de l'*Ocellatus*, je m'en abstiens. Il suffira d'énoncer les caractères qui la distinguent de cette espèce si bien connue. En premier lieu, on remarque sur le prothorax, excepté sur son bord antérieur, et de même sur l'écusson à l'exception du bourrelet, une ponctuation très-profonde, que je n'ai pas remarqué sur les individus de l'autre espèce. En second lieu le *Rudis* est un peu plus bombé et plus court, plus trapu; ensuite sa couleur est toujours rouge, sans jamais passer aux tons plus clairs, les taches noires ne sont jamais ocellées; enfin en dernier lieu il n'y a jamais moins que 8 taches sur l'écusson.

M. Bernstein trouva cette espèce aux îles de Kajoa et de Morotai, et semble ne pas l'avoir rencontrée dans la grande île de Halmaheira, si voisine de ces deux plus petites.

TABLE ALPHABÉTIQUE DES ESPÈCES.

EXPLICATION DES PLANCHES.

PLANCHE 1ʳᵉ.

Fig. 1 et 1 *a*.   *Solenosthedium rubropunctatum*, Guér.

"   2 et 2 *a*.   *Poecilocoris pulcher*, Dall.

"   3.   "   *aeniventris*, Voll.

"   4 et 4 *a*.   *Tectocoris cyanipes* F, var. 8.

"   5 et 5 *a*.   *Cantao purpuratus*, Hope.

"   6, *a*, *b*, *c*, *d*.   *Tetrarthria marginepunctata*, Voll.

"   7 et 7 *a*.   *Callidea sexmaculata*, Leach.

"   8 et 8 *a*.   "   *eximia*, Voll.

"   9.   "   *variabilis*, Voll.

PLANCHE 2ᵈᵉ.

Fig. 1.   *Callidea Caesar*, Voll.

"   2 et 2 *a*.   "   *4-maculata*, Voll.

"   3, 3 *a* et 3 *b*.   "   *Schlegelii*, Voll.

"   4, 4 *a* et 4 *b*.   "   *Stålii*, Voll.

"   5.   "   *ditissima*, Voll.

"   6.   "   *fastuosa*, Voll.

"   7, 7 *a* et 7 *b*.   "   *Schwaneri*, Voll.

"   8.   Ventre de *Callidea dilaticollis*, Guér.

"   9.   "   "   "   *sumatrana*, Voll.

"   10 et 10 *a*.   *Callidea gibbosa*, Voll.

"   11.   "   *lateralis*, Guér.

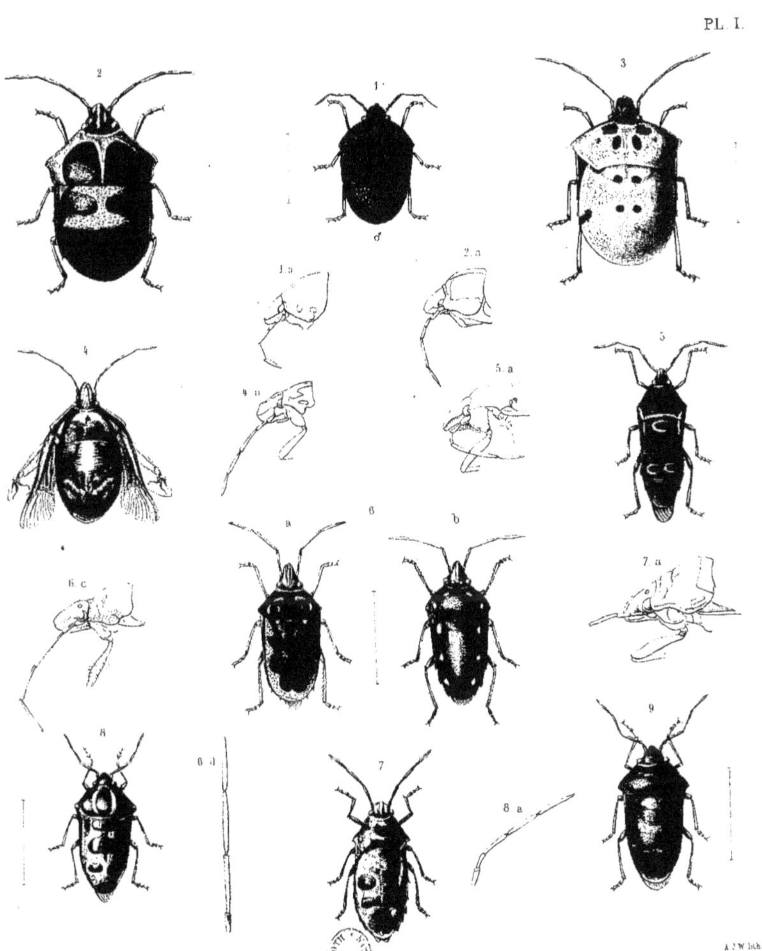

PL. I.
2
1
3
1.a
2.a
4
5.a
5
6.c
a
6
b
7.a
8
6.d
7
8.a
9
S. v V. fec.
A. J. W. lith.

PL. II.

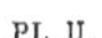

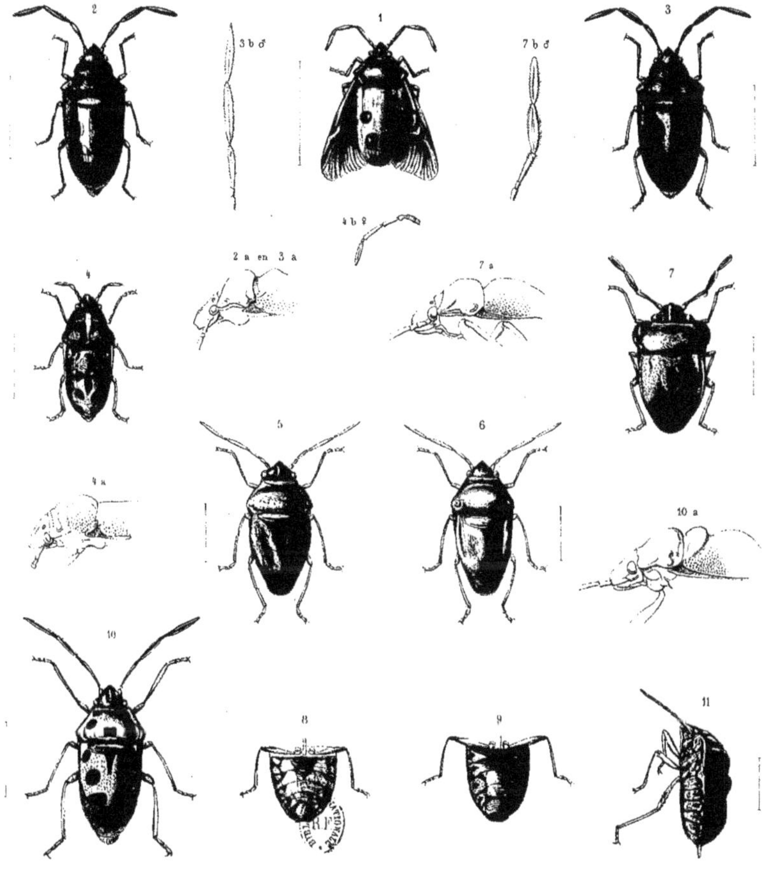
2
3 b ♂
1
7 b ♂
3
4 b ♀
2 a en 3 a
7 a
4
7
5
6
4 a
10 a
10
8
9
11

S. v V. fec.

A.J.W. lith.

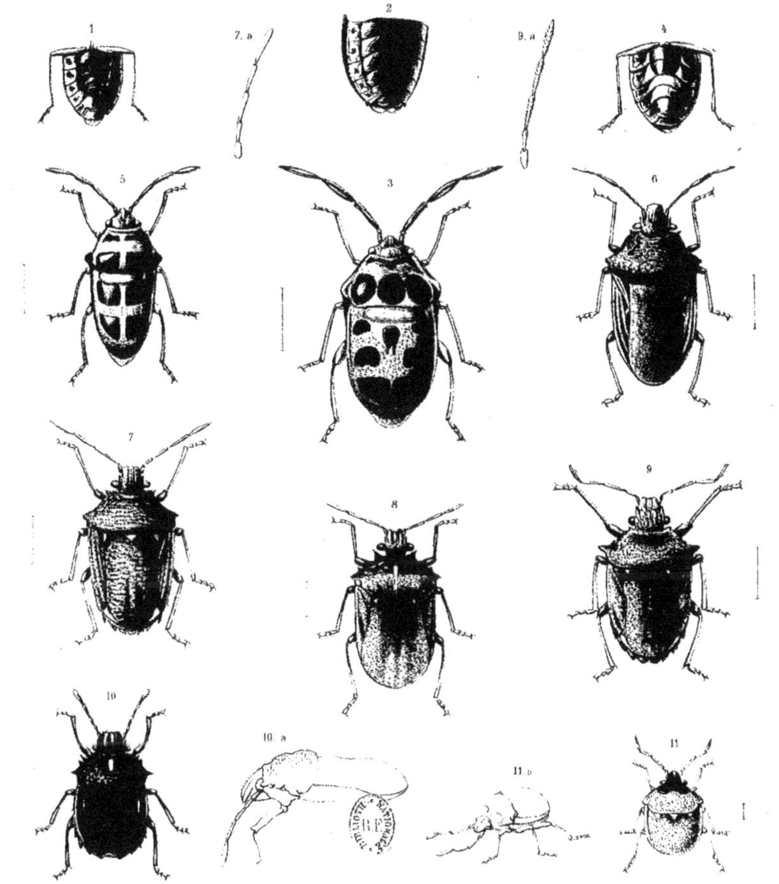

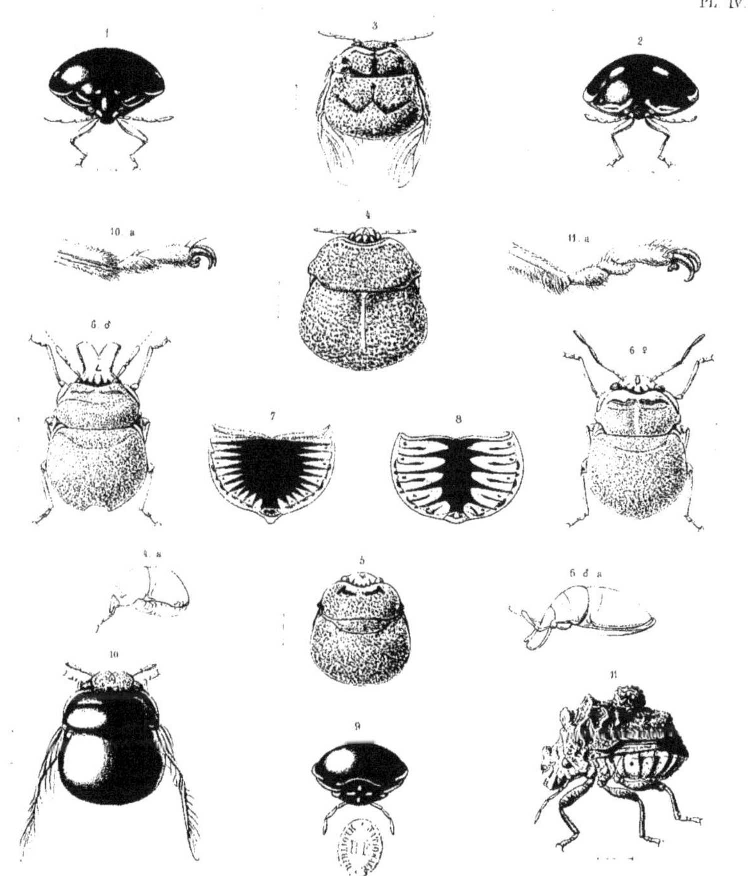

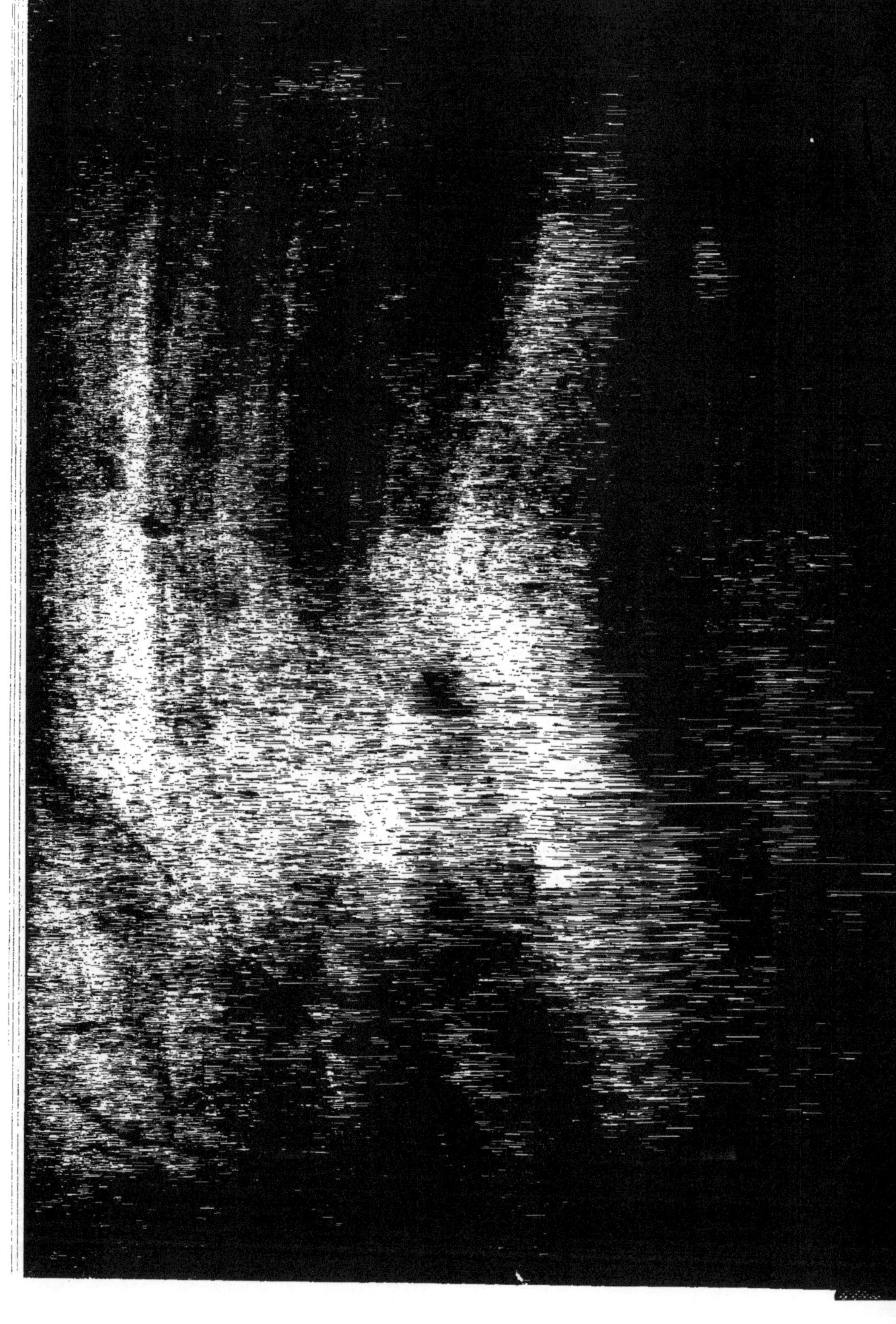

9 782013 653862